예비초등
엄마마음사전

예비초등 엄마마음사전

초판 1쇄 인쇄 _ 2022년 1월 10일
초판 1쇄 발행 _ 2022년 1월 15일

지은이 _ 이영은

펴낸곳 _ 바이북스
펴낸이 _ 윤옥초
책임 편집 _ 김태윤
책임 디자인 _ 이민영

ISBN _ 979-11-5877-280-2 03590

등록 _ 2005. 7. 12 | 제 313-2005-000148호

서울시 영등포구 선유로49길 23 아이에스비즈타워2차 1005호
편집 02)333-0812 | 마케팅 02)333-9918 | 팩스 02)333-9960
이메일 bybooks85@gmail.com
블로그 https://blog.naver.com/bybooks85

책값은 뒤표지에 있습니다.

책으로 아름다운 세상을 만듭니다. — 바이북스

미래를 함께 꿈꿀 작가님의 참신한 아이디어나 원고를 기다립니다.
이메일로 접수한 원고는 검토 후 연락드리겠습니다.

아이가 입학하는데 왜 눈물이 날까요?

예비초등 엄마마음사전

이영은 지음

들어가며

내년에 둘째가 초등학교에 입학합니다.

다행히 첫째 때와는 달리 마음이 많이 불안하진 않네요. 첫째가 초등입학을 앞둔 이맘때 제 마음속엔 설렘과 불안감, 초조함이 뒤섞여 뭔지 모를 답답함과 두려움의 나날을 보냈습니다.

만약 그때로 다시 돌아간다면, 하지 않았을 후회의 경험도 있습니다.

만약 그때로 다시 돌아간다면, 꼭 해야 할 일을 놓치지 않았을 걸 하는 아쉬움도 있습니다.

만약 그때로 다시 돌아간다면, 두려움을 조금은 내려놓고 아이와 다시 올 수 없는 시절을 즐겼을 텐데 하는 이루지 못할 소망도 있습니다.

지금도 이 책을 들고 읽고 계신 예비초등 엄마의 심정을 누구보다 이해합니다. 그리고 응원합니다. 그리고 저와 같은 실수와 시련을 겪지 않았으면 하는 바람입니다.

이 바람으로 글을 쓰게 되었고 글이 모여 책이 되었습니다.

첫 아이가 예비초등일 적 답답한 마음에 도서관에 가서 예비초등에 관련된 책도 찾아보고 책을 사서 읽어보기도 했습니다. 초등학교에 대해 몰랐던 사실도 알 수 있었고 아이에게 설명하고 알려주어야 할 것들도 배웠습니다. 그럼에도 엄마인 내 마음은 여전히 불안했습니다.

지나고 나면 별일 아닌 것이 아니라 진짜를 알고 나면 별일 아닌 예비 엄마의 마음을 이 책에 담았습니다. 그리고 조금이나마 위로가 되고 도움이 되길 바랍니다.

엄마는 아이를 키우는 사람이지만,
아이는 엄마를 성장하게 하는 사람인 것 같습니다.
엄마는 아이를 걱정하고 때로는 의심도 하지만,
아이는 엄마를 무조건 믿고 사랑하는 것 같습니다.
엄마의 불안한 마음 끝엔 무한한 신뢰로 바라보는 내 아이가 있습니다.

아이가 초등학교에 입학하여 잘 지내고 적응하는 것도 중요하지만 엄마의 불안한 마음을 잘 다스리는 것이 무엇보다 중요합니다. 가르침과 충고보단 위로와 공감으로 예비초등엄마들의 마음을 다독여 주고 싶습니다.

여전히 부족하고 실수 많은 엄마이지만, 친한 언니의 따뜻한 말이라 생각하며 편한 마음으로 읽어 주시길 바라봅니다.

– 차례 –

chapter 2 엄마의 최대 고민 공부

chapter 3 초등 습관잡기의 힘

chapter 4 학교는 작은 사회라는데……

chapter 5 네 사교육비 내가 먼저 쓸게

chapter 1

학부모는 생애 처음이라

유치원 졸업사진을 찍으며

오늘 아침에도 달리기가 빠질 수 없다.

웬일로 큰아이가 일찍 준비를 끝내고 여유 있게 나서려는데 둘째의 응가 신호로 다시 바빠졌다. 엘리베이터에 숫자가 바뀌는 걸 뚫어져라 쳐다보다 "1층입니다." 하는 안내 소리가 채 끝나기도 전에 두 아이의 손을 잡고 질주를 시작했다. 다행히 유치원 버스가 도착하기 전이었다. 아이들에게 내일부턴 일찍 준비하자는 매일 같은 잔소리를 하며 숨을 몰아쉬었다.

버스에 탄 아이들은 언제 꾸지람을 들었냐는 듯 나를 보며 해맑게 웃으며 손을 흔들었다.

순간 세상 사랑스러운 눈빛으로 아이와 인사를 하고 있는 내가 버스 유리 창문으로 비쳤다. 분명 삼 분 전까지 아이를 닦달하고 원망했는데 신기하게도 아이가 유치원 차를 타고 가는 모습을 보면 그렇게 사랑스러워 보일 수가 없다. 아이가 잠잘 때 다음으로 예뻐 보이는 순간이다.

어젯밤부터 첫째는 내일 졸업사진 찍는 날이라며 들떠 있었다. 방방 떠 있는 아이와 달리 내 마음은 뭔가 모를 묵직함에 가라앉았다. 기분 좋게 잠든 아이의 얼굴을 보니 시도 때도 없이 주책맞은 눈물이 흘렀다.

'벌써 네가 초등학생이 된다니.'

'유치원 1년만 더 다니면 정말 좋으련만…….'

'언제 이렇게 자라서…….'

어느새 마음은 감상에 젖고 머리는 과거로 거슬러 올라가고 있었다.

태어나 사랑을 한 몸에 받는 것도 잠시, 말을 떼기도 전에 동생이 생겨 유아 탈모까지 왔었던 너.

애증 어렸던 직장을 포기하고 너 하나 잘 키워 보겠다는 일념하에 독박 육아를 하며 자존감이 바닥을 치고 육아 우울증에 빠져 허우적거렸던 나.

둘째가 태어나기 전 어린이집을 보내야 한다는 말에 18개월이 되기도 전, 어린이집에 입소하여 반년의 적응기간이 걸렸던 너.

그런 너를 두고 어린이집 담장에서 튀어나온 배를 붙잡고 숨죽여 울먹였던 나.

유치원 처음 가던 날 아침 일찍 일어나 긴장해서 아침도 못 먹고 엄마만 수십 번 부르던 너.

그런 너를 보며 유치원 입학 전 날, 너보다 긴장해서 밤을 새

언제까지나 어린아이였으면 하는 헛된 바람과
아이가 자라서 내 자유가 늘어났으면 하는
이른 바람이 서로 충돌하기도 했다.
필요한 것들은 하나씩 갖추어 가고 있었지만,
유치원 졸업 사진으로 시작된 불안감은
졸업식이 끝나고 방학에 접어들면서 더욱 겹겹이 쌓여 가고 있었다.

하얗게 새우고도 네가 올 때까지 비몽사몽한 정신으로 긴장
에 떨며 너를 기다리던 나.

아이와 함께 한 7년 남짓한 시간들이 스쳐지나갔다.

언제까지나 어린아이였으면 하는 헛된 바람과 아이가 자라서 내 자유가 늘어났으면 하는 이른 바람이 서로 충돌하기도 했다. 마음과 머리가 제멋대로 놀아났다.

'아! 곧 졸업식 하겠구나. 졸업식 때 울지 말아야 할 텐데……. 촌스럽게 울면 안 되는데…….'

'그나저나 졸업식 때 뭐 입고 간담?'

며칠 뒤 유치원에서 돌아온 아이가 입을 쭉 내밀고는 불만 가득 말을 뱉었다.

"아잉……진짜! 이제 수화 다 외웠는데. 노래 가사도 다 알고 눈 감고도 할 수 있는데. 이제는 잘 할 수 있는데……. 아잉……속상해……."

요즘 내가 안 보이는 곳에서 율동 연습을 하더니 유치원에서 하는 수화 연습이었구나 싶었다.

"이제 다 외웠으면 뿌듯하겠네. 그런데 왜 그래?"

"졸업식 때 엄마 아빠한테 서프라이즈로 보여 주려고 했는데, 부모님 없이 우리끼리 한대요."

설마 했는데 코로나로 인해 고대했던 졸업식이 취소되고 말았다. 아이의 일그러지는 표정에 내 마음도 함께 으깨지는 듯했다.

'이제 나도 졸업식 코디 거의 완성했는데…….'

아쉬움이 분노로 잠시 바뀌지기도 했지만 초등학교, 중학교, 고등학교까지 못하는 상황이니 앞으로 남은 졸업식은 갈 수 있을 거라 기대하며 마음을 달랬다.

졸업식도 취소되고 이제 입학이 얼마 남지 않았다고 생각하니 괜스레 마음이 펄떡거렸다.

'아! 가방! 가방을 안 샀네! 가방은 뭘 사줘야 하지?'

'아이 방도 만들어 줘야 할 텐데……. 책상도 사야 하나?'

'유치원 땐 원복을 입고 다녔는데 옷도 좀 사야겠지?'

알 수 없는 이유로 오는 허전한 마음은 언제나 지름신을 부른다.

또래 엄마들 중에서는 완판된 가방을 직구로 구입해서 한 달 넘게 기다리고 있다는 볼멘소리도 들려왔다. 인기가 많은 디자인의 가방은 금방 품절될 수 있다며 으름장을 놓기도 했다. 한시라도 가방을 고르지 않으면 큰일 나겠다는 마음을 가라 앉혀 준 건 역시 몇 년 먼저 입학시킨 선배 엄마였다.

"어차피 가방은 고학년 때 한번 바꾸게 되더라. 비싼 거나 무거운 가방 사지 말고 가볍고 수납공간 많은 걸로 골라~! 참! 물통이나 보온병 들어갈 수 있는 공간이 있으면 더 좋고!"

선배님의 말에 알맞은 가방을 또 몇 날 며칠을 검색해 보았지만 결국 할머니의 찬스로 아이의 선택에 맡겨졌다. 아이가 원하는 게 최고라고 하시는 할머니의 의견에 이제껏 했던 고민들은 그대로 묻히고 말았다. 아이가 어릴 적 숱한 밤을 고민하며 골랐던 기저귀의 이름과 분유이름의 기억이 가물가물한 것처럼 아이의 첫 가방도 마찬가지라는 생각이 들었다.

평소 맘카페를 자주 보진 않았지만, 그 시기에 어찌 그리 궁금한 게 많던지 수시로 들락날락하며 눈팅을 하고 있었다. 시기상 예비 초등 관련 질문이 많이 올라왔는데 도움을 좀 받고자 클릭하고 나면 더 큰 숙제를 껴안은 글들도 많았다.

방법을 바꿔 도서관에 가서 예비 초등에 관련 책을 찾아보았다. 주로 현직 교사들이 쓴 책이 많았다. 과목별 공부법, 교실 환경부터 해서 화장실 가는 법, 급식실에서의 예의, 선생님께 예쁨 받는 법들까지 자세히 나와 있었다.

책을 보고 유용한 정보들도 많이 얻었지만 왠지 모를 허한 마음을 달래 주진 못 했다.

이 정체 모를 불안감은 뭘까?

필요한 것들은 하나씩 갖추어 가고 있었지만, 유치원 졸업 사진으로 시작된 불안감은 졸업식이 끝나고 방학에 접어들면서 더욱 겹겹이 쌓여 가고 있었다.

다급해졌다

"딩동! 딩동!"

밤 9시가 다 되어 가는 시간에 올 사람이 없는데…….

문을 열어보니 통장 아주머니가 서 계셨다.

"이 집 첫째가 벌써 초등학교에 입학해요? 새댁 엊그제 아기 낳은 거 같은데……."

하시며 종이를 건네 주셨다. 몇 해 전 남편의 예비군 통지서 이후 첫 만남이었다. 첫 아이의 취학 통지서임을 확인하고 잠시 멍하게 서 있었다. 초등학교에 입학하는 건 알고 있었지만, 취학 통지서를 통장 아주머니가 직접 가져오는지도 모르고 있었다.

'남자들이 입영 통지서 받으면 이런 기분일까?' 잠시 생각하다 어리둥절한 마음으로 흰 봉투를 열어보았다.

취학 통지서와 두툼한 종이들이 함께 딸려 나왔다. 예비 소집 날짜와 시간이 적힌 종이와 입학 전 미리 맞아야 할 예방접종 확인서 그리고 교육 급여 신청서가 함께 들어 있었다.

유치원 오리엔테이션 날 받은 알록달록한 색깔의 친절한 설명문과 달리 꼼꼼히 봐야만 이해해서 풀 수 있을 것 같은 시험지를 받은 느낌이었다.

아이는 종이에 적힌 자신의 이름과 학교 이름을 번갈아 보더니 콩콩 뛰면서 가족에게 자랑을 하고 다녔다. 예비 소집 일을 손꼽아 기다리며 빨리 학교에 가고 싶다는 아이를 보며 내 마음과 달라 한편으로는 안심이 되었다.

그렇게 기다리던 예비 소집일, 대사를 치르러 가는 마음으로 아이의 손을 꼭 잡고 학교로 향했다. 안면이 있었던 몇몇 엄마들과 인사도 하고 담담한 척 아이와 이야기도 나누었다. 신나서 집을 나서기는 했지만 막상 학교에 오니 아이는 말수가 급격히 줄고 들릴 듯 말 듯한 소리를 냈다.

아이의 이름이 불리고 우리는 선생님이 계신 책상 쪽으로 가서 앞사람이 그랬던 것처럼 자연스럽게 앉았다.

"취학 통지서 주시고요."

"네?"

"취학 통지서 안 가져오셨어요?"

"아……. 네……."

비장한 각오만 지니고 정신 줄은 집에 두고 온 것이다.

"오늘 꼭 가져오셔야 하는데. 그럼 이야기 끝나고 집에 가셔서 가지고 오셔야 합니다."

세상이 혼란에 빠져 우왕좌왕하는 대로
아이와 나 또한 휩쓸리고 싶지 않았다.
엄마도 처음 겪는 혼란이지만
아이에게까지 전가시키고 싶지 않았다.
엄마인 내가 강단 있게 결단을 내릴 때라는 생각에
방법을 찾아 나서기로 마음먹었다.

오래간만에 멋 내서 입은 코트가 너무 두꺼웠나 싶었다. 등 뒤로 후끈하게 올라오는 열은 나만 느껴지는 거겠지 하며 표정 관리를 했다.

그렇게 예비 소집일이 지나고 입학식엔 아이도 챙기고 정신도 꼭 챙기리라 마음먹었지만 코로나로 인해 취소되었다.

유치원 졸업식 취소의 아쉬움보다 초등학교 입학식 취소 소식에 실망감은 곱절로 크게 다가왔다.

입학식이야말로 아이에겐 학생으로, 엄마에겐 학부모로서 공식적으로 인정받는 날인데 억울하게 빼앗긴 것 같은 상실감마저 들었다. 실수를 만회할 입학식의 기회가 사라지고 곧 끝이 나길 바랐던 코로나 상황이 더 심각해지자, 답답한 마음에 불안한 마음까지 더해졌다.

결국 개학은 온라인 수업으로 대체되었다.

두 아이가 집에 있으니 초등학생이 된 게 맞는 건지, 유치원 방학이 끝이 없이 이어지는 건지 분간이 되지 않았다.

아침마다 온라인으로 출석 체크를 하고 EBS 방송을 보았다. 기대했던 학교생활을 도대체 언제 시작할지 모르고 방송으로 담임선생님이 아닌 티브이에 나오는 선생님을 보고 있던 아이가 말했다.

"엄마, 저 선생님은 내가 한글도 모르는 줄 아나봐요."

"엄마, 너무 천천히 해서 답답해요."

"엄마, 재미없어요. 학교 가도 이렇게 수업해요?"

나도 공감하는 아이의 솔직한 물음에 무슨 대답을 해야 할지 몰라

얼버무리기만 했다.

희망의 날이 계속해서 미뤄지고 아이들도 나도 서서히 지쳐 가기 시작했다.

이렇게 해서 제대로 1학년 교과과정을 따라갈 수 있을까? 도대체 이 사태가 언제까지 이어질까? 공부보다 건강이 더 중요하다지만, 아이들에게 어떻게 설명해 줘야 할까?

누구도 예상치 못한 상황에 마음까지 다급해져서 이러지도 저러지도 못하는 날들이 이어졌다.

어느 날 멍하게 지내던 아이를 바라보다 귀중한 초등 1학년 시기를 이렇게 어영부영 흘려보내기엔 아깝다는 생각이 들었다.

세상이 혼란에 빠져 우왕좌왕하는 대로 아이와 나 또한 휩쓸리고 싶지 않았다. 엄마도 처음 겪는 혼란이지만 아이에게까지 전가시키고 싶지 않았다. 엄마인 내가 강단 있게 결단을 내릴 때라는 생각에 방법을 찾아 나서기로 마음먹었다.

홈스쿨링에 관한 책, 초등 습관에 관한 책, 초등 학습법 등 기존에 읽었던 책들과 새로운 책들을 읽으며 공부해 나가기 시작했다.

위기는 기회라는 말이 있듯 지금의 걸림돌을 디딤돌로 만들어 주자 생각했다. 이 시기를 지혜롭게 겪어 나가고 싶어 책을 읽고 유튜브의 유명 선생님들 강의도 들었다.

생각을 고치고 마음을 달리 먹자, 다급함은 점점 사그라지고 기대의 희망과 하고 싶은 것들이 떠오르기 시작했다. 평소에 시간적 여유가 없어 즐기지 못했던 일들을 이이와 하나씩 해나가기도 했다. 하루 종일 뒹굴거리며 과자봉지 하나 끼고 책읽기는 물론 여유시간이 충분히 필요했던 놀이들을 아이와의 대화를 통해 하나씩 해나갔다.

여덟 살 엄마의 마음

며칠 전부터 흔들리는 앞니를 붙잡고 투덜거린다.

"엄마, 먹을 때마다 너무 불편해요. 이가 덜렁거리니까 꽉 깨물지도 못하고. 그냥 빨리 빠져 버렸으면 좋겠어요."

"아, 불편하겠다. 근데 이 빼는 거 안 무서워?"

"엄마! 내가 아직 어린애예요? 괜찮아요. 내 친구들은 벌써 이가 6개나 빠진 친구들도 있어요."

"이 뺄 때 안 울 수 있지?"

"엄마! 내가 유치원생이에요? 유치하게 울게!"

유치원 졸업한 지 얼마나 되었다고 말투가 바뀐 아이가 낯설다. 오히려 아이가 어른스럽고 내가 어린아이 같다는 생각도 들었다.

'언제 저렇게 커서. 저런 말도 하고.'

순간 이제껏 마음속의 불안감이 어디서부터 시작이 된 건지 어렴풋이 알 것 같았다.

아이가 어린이집에 입학하고 차츰차츰 적응을 해 나갈 때, 나는 여전히 갓난아기를 달래는 엄마의 마음으로 노심초사했다.

아이가 유치원 생활에 재미를 느끼고 즐거워할 때도 나는 여전히 네다섯 살 엄마의 마음으로 행여나 어디라도 다치지 않을까 걱정했다.

아이가 초등학생이 되어 몸도 마음도 부쩍 자랐지만 나는 여전히 나는 여섯 살 엄마의 마음으로 불안해하고 있었다.

아이는 언제나 나보다 한 계단을 먼저 올라 위를 바라보고 있었지만 나는 혹시나 아이가 뒤로 떨어지지 않을까, 다시 내려오진 않을까 불안에 떨며 아이를 올려다보았다.

아이는 쉬지 않고 자라고 있었지만 엄마로서의 성장은 아이보다 한발 늦게 가다 서다를 반복하고 있었다. 아이보다 더 높이 올라서서 아이를 이끌어 줄 수 없다면 적어도 같은 높이에서 아이를 바라봐 줘야 할 것 같았다.

언제까지나 아이의 뒤꽁무니만 보며 노심초사하는 엄마가 되기 싫다. 마음을 단단히 먹어야 했다.

'엄마도 이제 더 이상 유치원 엄마의 마음이 아닌 여덟 살 엄마의 마음으로 탈바꿈할 테다!'

그래! 오늘부터 여덟 살 엄마 마음으로 장착하자!

더 이상 여섯 살, 일곱 살 아이로 대하지 말자!

네 말투가 바뀌듯이 엄마의 언어도 바뀔 것이다.

네가 할 수 있는 일이 많아지는 만큼

엄마의 기다림도 늘어날 것이다.

네 생각이 자라는 만큼 엄마의 마음도 넓어질 것이다.

네 용기가 더욱 커져 가는 만큼

엄마의 믿음도 커질 것이다.

너의 몸과 생각이 자라듯

엄마의 마음도 함께 자라서 성장하리라.

코로나 키즈 초등 1학년

"엄마, 나 책가방 언제 메고 학교에 가요?"

아이가 방에 들어가더니 뜬금없이 새 책가방을 메고 나온다.

5월말이 되었지만 여전히 담임선생님의 얼굴도 친구들의 얼굴도 모르는 아이가 안쓰럽다. 기약 없는 기다림에 아이도 나도 지쳐 갔다.

막 더위가 시작되던 6월 드디어 입학 소식이 전해 왔다. 부모님 없이 하는 최초의 입학식이었다. 학교를 간다고는 하지만 매일 등교가 아닌 2부제 등교였다.

학교 가기 전날 아이는 부산스럽게 가방을 열었다 닫았다를 반복했다.

"준비물은 다 넣었지? 소독제랑 물티슈도 챙겼니? 참! 여분 마스크도 챙겨야지."

아이와 준비물을 챙기고 화장실의 위치와 사용법에 대해서도 다시 한 번 이야기를 나누었다. 평소보다 일찍 자야 한다며 누워서 종알거리더니 어느새 조용하다.

다행히 나 또한 유치원 졸업을 앞두고 불안하고 초조했던 마음보다 드디어 학교를 간다는 반가운 마음이 더 컸다. 아이처럼 방방 뛰며 신나 하진 못했지만 나도 모를 미소가 입가에 머무르면서 마음이 웅장해지듯 했다.

첫 등교 날 아침, 분주한 마음은 아이도 나도 매한가지였다. 식구들 모두가 일찍 일어나 준비를 했다. 아이는 간만에 아침도 빨리 먹고 전날 꺼내 놓은 옷도 단정히 입었다.

"엄마, 빨리 가요. 이러다 늦겠어요."

설거지를 하려다 말고 고무장갑을 다시 벗었다. 머리를 대충 묶고 거울을 보았다. 그래도 등교 첫날인데 신경을 좀 써야 하나 잠시 고민했다. 이럴 땐 마스크가 고맙기도 하다. 어차피 마스크에 지분을 다할 화장품은 생략하고 선크림만 바르고 나서서 신발을 신으려는데 아이의 얼굴이 뭔가 허전해 보였다.

"마스크! 마스크 해야지!"

"아~ 맞다. 마스크!"

평소에 마스크 하라고 하면 인상부터 쓰던 아이가 웬일인지 아무 말 없이 마스크를 집어든다. 콧등에 촘촘히 맺힌 땀을 닦아 내며 마스크를 끼고 앞장서 나간다.

학교로 걸어가는 내내 뭐라고 종알거렸지만 어수선한 내 마음과 마스크 때문에 잘 들리지 않았다. 나에게 이야기하는 사람은 아이뿐

말이 끝나기도 전에 아이는
뒤도 돌아보지 않은 채 종종걸음을 옮겼다.
아이 역시나 내 말이 잘 들리지 않았나 보다.
오랜만에 보는 아이의 뒷모습이다.
교과서가 몽땅 들어 있는 가방이 자꾸 내려가자
엉덩이에 손을 대고 어부바하듯 올려 메고는
바삐 학교로 들어가 버렸다.

이였지만 군중 속에 있는 듯 귀가 어지러웠다.

아이가 내 손을 놓더니,

"엄마. 인제 안녕! 다녀오겠습니다."

"응? 그래. 잘 다녀오고. 선생님께 인사 잘하고……. 나는 네가 잘할 꺼라 믿……."

말이 끝나기도 전에 아이는 뒤도 돌아보지 않은 채 종종걸음을 옮겼다. 아이 역시나 내 말이 잘 들리지 않았나 보다. 오랜만에 보는 아이의 뒷모습이다.

교과서가 몽땅 들어 있는 가방이 자꾸 내려가자 엉덩이에 손을 대고 어부바하듯 올려 메고는 바삐 학교로 들어가 버렸다.

'왜 이렇게 땀이 나지.'

범인은 눈이었다.

'어? 왜 울컥하지…….'

뒤도 한 번 안 돌아보고 가는 아이가 야속했을까?

더운 날 마스크를 끼고 무거운 가방을 들고 가는 아이가 안쓰러웠을까?

입학식도 제대로 못하고 한 한기를 마무리할 때쯤 하는 학교생활의 시작이 서글퍼 보였을까?

눈물의 이유를 모른 채 누가 볼 새라 마스크를 고쳐 쓰는 척 눈물을 감췄다.

첫 등교의 감상에서 헤어 나오기도 전에 다시 반복된 집콕 생활.

학교를 가다 말다 하니 더 혼란스러웠다.

학교를 안 가는 날은 느지막이 일어나 눈곱을 떼고 멍하니 온라인 수업을 보았다. 얼마쯤 지나니 첫 등교 때와는 달리 학교 가는 날에도 늦장을 부렸다.

"오늘 그냥 온라인 수업 하면 안 돼요? 학교 가도 친구랑 말도 못 하고 쉬는 시간에 놀지도 못하고 밥도 같이 먹지도 못하고……. 못하는 것들 투성이에요. 학교 가는 거 정말 재미없어요."

적응할 새도 없이 학교에 김이 빠진 아이를 보니 욱 올라오는 마음도 조금은 가라앉았다.

엄마도 겪어보지 못한 코로나 키즈 우리 아이들을 대할 때마다 안타깝다는 생각과 답답하다는 마음이 들었다. 과연 예전으로 돌아갈 수 있을까 하는 두려운 마음으로 불만 가득한 아이의 마음을 이해하기도 했다.

chapter 2

엄마의 최대 고민 공부

먼저 시작하면 정말 빨리 갈까?

선배 엄마들이 아이가 유치원 다닐 때가 좋을 때라던 그 시절이 그리워지는 시간이다.

1학년은 돌아서면 온다더니 정말 청소기 한 번 돌리니 벌써 데리러 갈 시간이다. 아이와 함께 집에 오는 길에 갑자기 잡고 있던 내 손을 놓고 앞으로 달려간다.

"엄마, 우리 반 친구예요!"

"아, 안녕?"

학교에서 친구들과 이야기를 못해 선생님 몰래 화장실에서 친구를 사귄다고 하던 친구 중 한 명이었다. 엄마와 함께 있던 아이는 우리 아이를 보자 반가워하며 서로 조잘조잘 이야기한다. 내심 친구를 잘 사귀고 있는 것 같아 안심이 되었다.

"안녕하세요?"

마스크로 가린 얼굴이지만 최대한 인상 좋은 웃음을 지으며 인사했다.

"네, 안녕하세요?"

엄마끼리의 어색한 기운을 아이가 반갑게 바로 걷어 주었다.

"엄마! 나 친구랑 놀이터 가서 놀면 안 돼요?"

계획이 없는 일이었지만 삼십 분 정도는 괜찮을 것 같았다. 코로나 때문에 아이들이 학교에서 맘껏 놀지도 못해 안타까워했던 참이었다.

대답을 하기 전 상대방 아이 엄마의 눈치를 살폈다. 당황해하는 모습이 마스크 사이로 삐져나왔다.

"미안한데. 친구가 지금 학원을 가야 해서. 같이 놀 수가 없어……. 담에 같이 놀자! 미안해요. 학원에 가야 해서. 지금도 빨리 가야 하는데."

"아~네! 괜찮아요."

친구 아이의 엄마는 최대한 친절하게 우리 아이에게 설명해 주었지만 두 아이의 얼굴은 이미 바람 빠진 풍선 꼭지마냥 툭 튀어나와 있었다.

"엄마! 나는 매일 학원 가는데 언제 놀아! 재는 학원도 안 다닌단 말이야. 재는 맨날 노는데 왜 나는 맨날 공부하러 학원 가야 해! 나 오늘 학원 가기 싫어!"

'우리 애도 학원 가는데. 미술 학원 가고 있는데…….'

진 것 같은 이 기분은 뭐지 싶었다.

나도 아이도 당황해 하자 친구 아이의 엄마가 다시 얘기했다.

"저 친구 학원 안 가도 집에서 매일 공부할 거야. 집에서 너보다 공부 더 많이 할 걸? 그죠?"

"네? 아. 네……."

달리 뭐라고 대답하랴.

그러자 이번엔 우리 아이가 치고 들어왔다.

"엄마, 나 집에서도 공부 많이 안 하잖아요!"

그 엄마는 진심이냐는 듯한 눈빛으로 나를 바라봤고, 나는 어색한 웃음으로 대답을 대신했다.

둘이서 집으로 오는 길에 아이는 말없이 골똘히 생각을 하더니 정적을 깼다.

"엄마, 나 같으면 학원 가면 재미있을 것 같은데. 공부도 하고 모르는 것도 배우고. 저 친구는 왜 학원 가는 걸 싫어하지?"

유치원 때에도 아이가 집에 오면 누구는 어떤 학원 다니고, 뭘 배우고, 집으로 선생님은 누가 오는지 묻지도 않은 이야기를 하곤 했다.

아이들조차도 자랑삼아 "나 바빠. 여기도 가야 하고 저기도 가야 하고."라고 하는 이야기를 들은 적도 있다. 안타깝게도 그 자랑이 초등학교 고학년까지 이어지진 않는 것 같았다.

학년이 올라갈수록 학원 가는 것을 싫어하는 친구들을 일하면서도 많이 볼 수 있었다.

영어 교사일 적 아직도 잊지 못하는 한 친구가 있다. 영어도 곧 잘 했고 수업 태도도 나쁘지 않았다.

"선생님! 저는 산타할아버지한테 받고 싶은 선물이 있어요."

다행히 3학년인데 산타를 믿는구나. 순수하다 생각하는 찰나.

"전 핵폭탄을 갖고 싶어요. 산타할아버지가 핵폭탄을 줬으면 좋겠어요."

"왜? 핵폭탄으로 뭐하려고?"

"학원이란 학원은 다 폭발시킬 거예요."

그때의 충격은 아직도 생생하다. 아이의 귀여운 얼굴에 원망스런 표정까지도.

아직 산타를 믿는 3학년이 그런 생각을 한다는 게 가능한 일인지 의심스럽기까지 했다.

모든 아이들이 학원을 싫어하진 않았지만 일찍 시작한 아이일수록 빨리 지치는 경우를 많이 보았다.

그래서일까.

아이가 학원에 가고 싶다고 하면 적어도 3개월 이상은 기다리고 대화를 나누고 결정하는 버릇이 생겼다.

유치원 때는 친구들이 가니까 같이 놀고 싶어서 무턱대고 조르는 경우도 많았다. 후엔 무조건 반대하기보단 먼저 아이와 학원에 가서 선생님과 이야기도 나눠 보고 샘플 수업을 받기도 했다. 가끔식 내가 먼저 혹해서 지갑부터 만지작거리기도 했다. 하지만 이내 정신을 차리고 아이가 진정 원하는 게 맞는 건지, 멀리 보아서 아이에게 도움이 되는 건지 오래 두고 관찰하려 했다.

아이가 정말 하고 싶어 긴 기다림 끝에 간 학원은 갈 때마다 행복해 했고 지금까지 오래 다니고 있기도 하다.

어린 시절에 다양한 경험을 시켜 주는 것도 물론 좋은 방법이다. 단지 아이의 성향에 따라 엄마의 현명한 밀당도 필요하다는 생각을 한다. 또한 빠질 수 없는 가성비. 다양한 경험을 위해 그만큼의 비용을 지불할 수 있는지에 대한 가성비가 나에겐 무엇보다 중요했다.

초등학생, 분명 학습의 시작이지만 시작부터 전력 질주를 시키고 싶진 않다. 아이가 가는 길에 고속도로를 깔아 주고 싶은 건 부모 마음이지 아이의 마음이 아니다.

아이가 가야 할 긴 길을 아이가 원하는 선택으로
기분 좋은 산책처럼 시작하고 싶다.

조금은 둘러가고 천천히 가더라도 아이의 의지에 의해 전력 질주할 수 있는 힘을 아껴 두고 싶다.

아이 방 꾸미기 공식이 있다고?

우리 집엔 방이 세 개가 있다.

다 같이 자는 안방, 아이들의 놀이방 그리고 문을 열 용기가 안 나는 공포의 짐방.

아이 초등학교 입학을 앞두고 아이의 방을 어떻게 해야 하나 수일을 고민했다. 아이만의 공간을 만들어 줘야 한다는 사실에는 전적으로 동의했지만 책상부터 시작해서 여러 가구들까지…….

고민의 날 이어지던 찰나 사촌오빠의 반가운 전화가 왔다.

"혹시 침대 필요하니? 이거 거의 새 침대인데 조카 주면 좋을 것 같아서."

'앗싸 가오리~!'

침대 덕분에 방정리가 시작되었다.

공포의 짐방이 열리던 순간 일 톤 트럭만큼의 짐더미가 집을 빠져나갔다. 실제로 1톤 트럭을 빌려와서 짐을 실어다 버렸다. 덕분에 아이들도 각자의 방이 생겼다.

아이들 각자의 방이 생기면서
자신의 물건을 방에 정리하는 습관을 들이기 시작했다.
본인 방이 생기고 나니 물건을 찾아오는 시간도 훨씬 줄어들었다.

침대는 득템을 했으니, 이제 책상을 연구하기 시작했다.

5살 때 선물로 받은 땅콩 책상이 있었지만 왠지 초등학생과는 어울리지 않는다는 생각이 들었다. 주말에 아이들을 잠시 맡기고 남편과 가구점에 가서 책상을 살펴보기로 했다. 아이들과 함께 간다면 분명 손쉬운 결정과 재빠른 후회를 할 수 있기에 친정에 맡기기로 했다. 비장한 각오로 냉정하게 고르리라 마음을 먹고 가구점으로 향했다.

"우와!"

내 속에 이미 아이가 함께 와 있었다.

앉기만 해도 바로 우등생이 될 것 같은 스마트한 책상들과 그에 걸맞은 책장과 의자까지. 같은 마음의 눈빛으로 남편과 눈이 마주친 순간. 남편은 스마트폰에 메모장을 재빠르게 펼쳐 들었다.

아이 방에 들어갈 수 있는 길이와 폭을 적은 메모와 전시되어 있는 책상의 길이를 빛의 속도로 스캔을 해 나가며 구경을 했다.

슈퍼 싱글 사이즈의 침대와 내가 물려준 피아노, 그리고 아이의 옷장과 서랍장을 비집고 들어갈 책상은 찾을 수 없었다. 순간 서랍장 빼고 피아노 치우고. 옷장은 안방으로 넣고……

있는 힘껏 머리를 굴려도 맘에 드는 책상을 사는 순간 짐을 이고 지고 살아야 할 현실밖엔 없었다.

책상은 보류하기로 하고 온 김에 전부터 내 눈에 적잖이 거슬리던 원목 식탁 구경이나 하자 싶었다.

며칠 뒤 원래 제자리인 양 긴 원목 식탁이 떡하니 자리 잡고 주방을 빛내 주고 있었다.

주방에 있던 식탁은 거실 책상으로 자리를 옮겼고 아이의 방엔 땅콩 책상이 딱 맞게 들어갔다. 그 즈음《거실 공부의 마법》이란 책도 우리 집 인테리어에 한몫 단단히 했다.

아이들은 자기만의 공간이 생겨 좋아했고, 거실에서 다함께 공부하고 책을 읽을 수 있는 책상이 생겨 더 좋아했다.

아이들 각자의 방이 생기면서 자신의 물건을 방에 정리하는 습관을 들이기 시작했다. 그 전에 놀이방에선 자신의 물건에 대한 애착이 그다지 없어 보였다. 각자의 방을 만들어 주고 정리를 하면서 자신의 물건을 어디에 두면 좋을지 대화하면서 정리를 하고 이름을 붙여 놓기도 했다. 찾는 물건이 어디에 있는지 물어보기 일쑤였지만, 본인 방이 생기고 나니 물건을 찾아오는 시간도 훨씬 줄어들었다.

코로나로 집콕 육아를 하며 거실의 책상은 더욱 빛을 발했다. 함께 만들기도 하고 그림도 그리고 책을 보기도 했다. 때로는 빛나는 원목 주방 식탁에서 요리 놀이도 했으며 아이들끼리 방에 들어가 땅콩 책상에서 작업을 하기도 했다. 무리해서 아이의 책상을 안 사길 잘했다는 생각이 들었다. 그리고 무리해서 주방 식탁을 잘 샀다는 생각도 들었다.

거실에 책상이 있으니 가족이 함께할 수 있는 일이 많아졌고 주방의 긴 식탁이 덕분에 내 공간이 넓어진 듯했다.

학년이 올라가면 언젠가는 공부 책상을 마련해 줘야겠지만 지금 가족이 함께할 수 있는 책상이 있어 거실이 더욱 따듯한 가족 공간이 되었다.

우왕좌왕 온라인 수업

"엄마, 오늘은 뭐해요? EBS보고 다른 거 봐도 돼요?"

"아니, 선생님이 내주신 과제다 하고."

"과제가 뭔데요?"

"엄마가 프린트해서 붙여놨잖아."

"이거 저번 주 건데요."

코로나로 인해 학교를 가다 말다를 반복하고 있었다. 일정이 계속 변경이 되니 나도 아이도 우왕좌왕 정신이 없었다.

시간에 맞춰 방송을 틀어주고 비장하게 앞치마를 동여맸다. 설거지도 하고 빨래도 널며 지금이 아니면 못할 것마냥 바삐 움직였다. 살림을 하면서도 이따금씩 매의 눈으로 아이를 관찰했다.

방송을 시작한 지 10분이 채 되었을까? 아이의 몸이 비비 꼬이기 시작한다.

"똑바로 앉아서 보자."

하고는 빨래를 걷고 또 지나가며,

"어허, 바른 자세!"

하고는 주방으로 가서 아침에 남은 잔재들을 해치웠다.

둘째는 둘째대로 심심하다며 방송 보기 싫다고 징징거렸다. 첫째가 방해가 될까 둘째를 데리고 방에 들어가 놀아주기도 했다.

방송이 끝나면 선생님이 내주신 날마다의 과제를 시켜놓고, 다시 집안정리를 시작했다.

혼자 있을 땐 집안일을 하기 싫어 손도 안 대고 미룬 적도 많다. 희한하게도 아이와 함께 있으면 하나라도 더 치우고 싶은 욕구가 불쑥불쑥 올라온다.

그러다 양심이 찔렸을까?

'이래서 공부가 되려나?'

'학습결손 없이 교과과목은 따라 갈 수 있으려나?'

하는 걱정이 나의 분주함을 붙잡았다.

'방송이 그렇게 재미가 없나? 재미있어 보이던데…….'

하루는 아이의 몸 꼬임이 기인 수준에 다다르자, 안 되겠다 싶어 함께 시청해보기로 했다.

방송을 보며 선생님에 대한 이야기도 나누고, 선생님의 물음에 내가 먼저 답하기도 했다.

"엄마는 방송 재미있는데……. 선생님이 귀에 쏙쏙 들어오게 친절히 잘 가르쳐 주시네!"

"그러게. 오늘은 그러네……."

진짜 그날 방송이 다른 날보다 재미있었을까? 아니었다. 내가 아이와 함께였기 때문이었다.

초등학생이라지만 여덟 살, 아홉 살 아이에겐 여전히 엄마가 필요하다. 옆에서 함께 앉아 있는 것만으로도 아이의 집중력은 현저히 달라질 수 있다.

이 사실을 내가 모르고 있었을까?

아니었다. 평소 영어 DVD 하나 틀어놓고 저녁준비를 하고 할 일을 하던 습관이 배어 온라인 수업에도 그리 행하고 있었다. 동생 핑계, 집안일 핑계로 외면하고 싶은 속내가 깔려 있으니 알아서 잘하겠지 싶어 내버려둔 마음이 더 컸다.

그날 이후 둘째에겐 조용히 놀 수 있는 색칠하기나 블록 장난감을 주고 방송 후에 보상 프로그램을 보기로 협상했다.

나 또한 더 이상 분주하게 움직이지 않고 아이의 옆에 정착하기로 마음먹었다. 매번 아이의 방송에 집중할 수 없을 땐 아이의 근처에서 내가 읽고 싶은 책을 읽거나, 필사를 하기도 했다. 불안정된 수업에 필요한 건 엄마의 안정된 관심이었다.

온라인 수업은 티브이 프로그램이 아니라 수업이다. 장소만 다를 뿐이지 수업 분위기를 조성해 줘야 하는 엄연한 수업시간이다. 만약 학교수업 중 엄마가 교실을 분주하게 휘젓고 다닌다면 아이는 수업에 집중할 수 있을까? 집 교실 수업 분위기에 신경을 쓰자 아이의 집중도와 태도는 전보다 훨씬 좋아지고 집중력도 높아졌다.

또 하나의 문제는 바로 줌 수업이었다. 아이는 당연히 줌 수업을 낯설어 했고 다른 것들에 더 관심을 많이 가졌다.

"엄마, 이거 채팅도 돼요? 친구들이 아무 말이나 막 적어 올려요."

"엄마, 친구들 목소리랑 선생님 목소리랑 겹쳐요."

"엄마 난 말했는데 선생님이 못 들어요."

나이가 어릴수록 몇 초 늦은 반응이 바로 집중력을 흩트리기도 한다. 물론 학교에서 아이들에게 줌 수업과 온라인 수업에 대해 미리 알려주셨지만 그것만으로는 부족했다.

그래서 결심했다. 엄마와 실전 줌 수업 연습하기!

나부터 줌에 대해 공부해야 했다. 요즘 사람과 라떼 사람과의 차이는 바로 검색을 어디서 하나에서 나온다고 한다는 말을 들은 적이 있다. 나와 같은 라테 사람들은 녹색 창으로 궁금증을 풀어나간다. 요즘 사람들은 유튜브로 궁금증을 검색한다고 한다. 나는 글로 배우는 것에 익숙하지만 요즘 사람들은 동영상으로 배우는 것에 더 익숙하다고 한다. 당연히 속도도 동영상으로 배우는 것이 빠를 수밖에.

나도 라테 사람에서 요즘 사람이 되고 싶어 궁금한 것이 생기면 유튜브 동영상으로 검색하기 시작했다. 확실히 글로 본 것을 적고, 적은 글을 보며 행하는 것보다 동영상을 들으며 실행하는 것이 속도가 훨씬 빨랐다.

자신감이 생기자 유튜브에 들어가 줌 기초강의를 포함해 직접 강의하는 법도 배워나갔다.

"엄마 줌 사용법 마스터했어! 엄마랑 줌 해볼래?"

"넹? 둘이서요?"

"응. 응."

"엄마가 방 만들어 초대할게!"

"우와! 엄마 똑똑하다."

나는 방에서 휴대폰으로 하고 아이는 아이 방에서 컴퓨터로 접속해서 이야기를 나누기도 했다.

"어때? 엄마 소리 잘 들려?"

"네. 근데. 엄마랑 동시에 말하니까 안 들려요."

"그러네. 그럼 우리 말 끝나면 살짝 기다렸다가 말할까?"

아이는 줌 리허설을 놀이처럼 재미있어 했다.

하다 보니 아이가 반응이 조금 늦을 수밖에 없는 상황도 적응했다. 그리고 본인이 음소거하는 법 선생님 얼굴을 더 크게 보는 법, 다 같이 얘기할 때 친구들 얼굴 볼 수 있는 방법들을 자연스럽게 익혔다.

온라인 수업에 대한 예의도 아이와 함께 이야기를 나누었다. 선생님이 말씀하실 때 목소리가 겹치지 않게 음소거하기 발표할 때는 음소거 해제하기. 하고 싶은 얘기가 있을 땐 손들고 있기.

사소하지만 실전연습으로 아이는 재미있게 적응하고 줌 수업에 더 집중할 수 있었다.

나도 잘 모르는 온라인 수업이었기에 배우는데 있어서 물론 귀찮기도 두렵기도 했다. 내심 외부상황들에 대한 불만이 커지기도 했다. 하지만 집중하지 못하는 수업에 마냥 두고 볼 수만은 없었다.

아이의 수업태도를 변화시키고 싶었다. 그러다 내가 변화되었다. '나는 모르는 일이다. 알아서 하겠지.'라는 마음보다 '아이도 하는데 나도 해보자'라는 마음을 먹으니 하나씩 알아갈 때마다 재미있기도 했다.

아이가 기능 하나를 더 알고 익히는 것도 좋지만 엄마가 도전하고 공부해나가는 모습이 더 큰 의미로 다가가지 않을까? 피하지 않고, 겁내지 않고 도전하는 엄마의 모습이 아이들에겐 더 큰 공부가 아닐까 하고 생각해본다.

입학 전 한글 마스터하기

아이가 여섯 살 무렵이었다. 부쩍 한글에 관심을 가지기 시작할 때였다.

아이가 한글에 호기심을 보이자 자연스레 한글 방문 학습지나 한글 문제집에 관심을 쏠렸다. 아이의 친구 중에서는 이미 한글 학습지를 시작한 친구들도 적지 않았다.

'초등학교 가기 전에는 한글을 떼야 한다는데, 빨리 떼면 더 좋겠지?'

'책을 더 많이 읽을 수 있고, 혼자서도 책을 읽을 수도 있겠다.'

'빨리 읽을수록 아는 어휘량이 많아지니 초등학교 가면 수업시간에 더 잘 따라가겠지?'

'요즘은 초등 저학년 시험에도 서술형 문제들이 많다는데 조금이라도 한글을 일찍 알면 도움이 될 거야.'

아이의 호기심에 불붙은 내 마음은 당장이라도 한글을 뗄 수 있도록 만들 수 있을 것 같았다. 여러 가지 학습지를 비교해가면서 먼저 엄마표 한글공부를 시작하기로 했다.

포스트 잇을 이용해 집안 물건에 이름 붙이기.

집에 가나다 음절표 붙여서 노래 불러 보기.

자기 이름 열 번씩 따라 써 보기.

책 보면서 매번 "이거 무슨 글자야?" 하며 꼬치꼬치 묻기.

"아는 글자는 이제 네가 읽어볼까?" 하고 억지로 읽기 시키기.

어디서 듣고 본 좋은 방법들을 총동원해서 노력해 보았지만 생각처럼 아이의 한글실력이 좋아지는 것 같지 않았다.

"엄마, 책 읽을 때 그냥 엄마가 읽어주면 안 돼? 자꾸 묻지 말고 그냥 읽어줘."

"왜? 이미 알고 있는 건 네가 읽으면 점점 아는 글자가 많아지고, 스스로 읽게 되면 더 재미있을걸. "

"난 엄마가 읽어 주는 게 훨씬 좋아. 엄마가 자꾸 물어보니까 책이 재미없어져. 책 읽기가 싫어져."

그날 이후 엄마표 한글공부를 그만두었다.

나의 열정적인 활동들이 아이의 한글에 대한 호기심을 더 떨어뜨렸고 그것도 모자라 책까지 멀어지게 만들고 있었던 것이다. 물론 나처럼 한꺼번에 밀어붙이지 않고 현명한 방법으로 적절하게 다가갔다면 결과는 달랐을 수도 있었을 것이다. 하지만 나의 열정적인 성화에 한글을 깨우치려 하다 자칫 책을 놓치는 대참사가 생길 뻔했다. 아무리 빨리 한글을 깨우친들 책을 싫어한다면 무슨 소용이 있으랴.

그 후로 책을 열심히 읽어주기만 했다. 한글에 대한 건 아이가 묻기 전엔 가급적이면 말하지 않았다. 아이는 예전처럼 책을 좋아했으며 그 전보다 가벼운 표정으로 책을 읽어 달라며 가지고 왔다.

"엄마, 나 유치원에서 선생님이 읽어준 책인데 우리 집에서도 읽고 싶어."

"그래? 그럼 선생님께 제목 알려달라고 말씀드려."

알림장을 통해 받은 책 제목을 중고 책 사이트에 검색하니 검색이 쉽게 되지 않았다.

다시 녹색 창에 검색하니 단편동화책이 아닌 전집으로 구매만 가능한 것이었다.

아이와 다시 협상을 해야겠다 생각했다.

"이 책 한 권만 따로 파는 게 아닌데. 그냥 유치원에서 보고 다른 거 한 권 사면 안 될까? 아님 도서관에서 빌려볼까?"

"힝"

마음에 들지 않으면 코와 목에 힘줘서 말하는 특유의 귀엽기도 하지만 듣기 싫은 목소리가 내 귀를 파고든다.

"힝! 진짜 보고 싶은데……. 엄마가 장난감은 안 돼도 진짜 읽고 싶은 책은 사준다 했잖아!"

"아. 그래. 알겠어."

이틀 뒤 전집이 도착했고 예상대로 아이는 그 책만 꺼내서 보았다. 나머지 책에는 눈길조차 주지 않았다.

아이의 호기심과 관심보다
부모의 욕심이 앞서면 아이는 재미도 흥미도 떨어진다.
첫째를 통해 이 진실을 깨달았기에
다시 한 번 허벅지를 꼬집어 가며 참아보리라 다짐한다.

‘이럴까 봐 전집은 신중히 구매하는 건데.’

본전 생각에 서글픈 마음이 들긴 했지만 그나마 중고로 저렴하게 사서 다행이었다.

하루에도 몇 번씩 그 책을 읽어 달라고 하더니, 아이가 하루는 더듬더듬 읽기 시작했다.

‘하도 보니 내용을 외웠구먼 외웠어.’ 하고 생각했다.

며칠 뒤 그 책을 더듬더듬 읽더니 한 달이 지나 같은 전집의 다른 책을 꺼내서 더듬더듬 읽었다.

‘어? 저건 내가 읽어준 책이 아닌데…….’

아이가 그토록 좋아했던 책 한 권이 엄마표 한글보다 훨씬 훌륭한 한글 선생님이 되었던 것이다. 속으로 쾌재를 부르면서 전집 값을 아까워했던 마음이 쏜살같이 도망가 버렸다.

그러나 여전히 우리 집엔 2호 복병이 남아있다.

책을 그다지 즐겨하지 않는 둘째. 한글에 1도 관심 없는 2호 아들. 저러다 학교 가기 전에 한글을 못 익히면 어쩌나 하니 걱정이 또 스물스물 올라온다. 아이마다 성향이 다 다르니 믿고 기다리면 언젠가는 호기심을 보이겠지 하며 마음을 수양할 수밖에.

아이의 호기심과 관심보다 부모의 욕심이 앞서면 아이는 재미도 흥미도 떨어진다. 첫째를 통해 이 진실을 깨달았기에 다시 한 번 허벅지를 꼬집어 가며 참아보리라 다짐한다.

최고의 국어 문제집

'엄마 한글 재촉사건'을 계기로 최대한 아이가 책과 친해질 수 있도록 시간을 쏟아부으려 했다. 책을 좋아하고 많이 읽으면 자연스레 국어에도 도움이 될 거라 믿었다. 그럼에도 늘 그렇듯 이리저리 보고 듣는 물결에 요동치는 내 마음은 초등 입학이 가까이 다가오자 걷잡을 수 없었다.

여러 가지 책도 찾아보고 유튜브로 유명한 선생님의 강의를 듣기도 하며 눈에 불을 켜고 자료 수집에 나섰다. '내 공부할 때 이렇게 했더라면' 하는 부질없는 생각에 지금의 열정이 부럽기도 부끄럽기도 했다.

교과서에 나오는 선정 도서와 초등 추천 도서를 미리 읽어봐야 한다는 의견, 초등 받아쓰기를 대비해 맞춤법 공부를 철저히 해야 한다는 이야기, 대놓고 문제집을 짚어 주시며 어휘력 문제집, 독해 문제집, 교과 문제집을 풀어야 한다는 의견, 글쓰기는 꾸준히 연습되어야 한다며 본격적인 글쓰기를 시작해야 한다는 의견 등 여러 의견이 많았다.

"초등 국어는 책 읽기로 시작해서 책 읽기로 끝난다."라는 달콤하지만 막막하기 만한 말도 있었다. 문제는 들을 때마다 고개를 끄덕이며 다 맞는 말이니 당장에라도 시작을 해야 할 것 같은 조급증이 다시 나를 찾아왔다는 것이다.

먼저 추천 문제집을 사서 아이가 유치원에 다녀오면 함께 풀어보기로 했다. 아이가 처음엔 곧잘 하는 듯싶어 문제집을 하나 더 추가했다. 엄마의 욕심이란 파도파도 끝이 없는 것임을 알면서도 눈앞이 흐려져 망각하기 일쑤이다.

그러던 어느 날,

"엄마, 나 책 읽고 싶은데 문제집 나중에 하면 안 돼요?"

"문제집 금방 풀고 읽자."

"어제도 그래서 까먹고 못 읽었잖아요. 나 하기 싫은데……."

'뭐지. 이 반복되는 데자뷰 같은 느낌은?'

내가 또 앞서 나갔다.

한글 사건을 잊어버리고 또 엄마의 다급함에 아이를 재촉하고 있었던 것이다. 심지어 책을 뒤로한 채 말이다. 문제집 때문에 책 읽는 시간을 축내고 있다니.

받아쓰기 백 점이 뭔 소용이냐, 책을 싫어하게 되면.

학교 시험을 잘 치면 무슨 소용이랴, 책과 멀어지게 되면.

인간은 망각의 동물이라더니 나는 언제나 그걸 증명하려 참으로

애쓴다. 문제집을 몽땅 버리진 못하고 잘 보이지 책장에 넣어 두기로 했다. 그리고 아이가 책을 맘껏 볼 수 있도록 다시 한 번 흔들렸던 마음을 붙잡았다.

1학년이 된 어느 날 아이가 예전에 풀었던 문제집을 다시 꺼내서 나에게 가지고 온다.

"엄마, 학교에서 배운 거 이 문제집에도 나와요. 한번 풀어 볼까?"

내심 어찌나 기쁘던지. '그래 안 버리고 모셔 두길 정말 잘했네!'싶었다.

그 후로 아이가 충실히 문제집을 풀어 나갔으면 좋았을 텐데. 역시나 그건 그저 엄마의 얄팍한 욕망을 담은 소망일 뿐이었다. 그래도 포기하지 않고 아이에게 노출을 시키려 노력했다. 아이는 띄엄띄엄 생각날 때마다 문제집을 풀기도 했고 때론 내가 넌지시 물어보기도 했다. 물론 책 읽는 시간을 방해하지 않는 범위 내에서 말이다. 그래도 뭔가 아쉽고 놓치는 마음이 드는 건 어쩔 수 없었다.

'이 허전한 느낌은 뭐지? 정말 책만으로도 괜찮을까?'

이놈의 조급증은 연중행사가 아니라 월 행사인가? 수시로 나오는 랜덤인가.

그러다 문득 아이가 교과서에 나온다며 문제집에 관심을 갖게 된 일이 떠올랐다.

당장 '한국검정인정교과서협회' 사이트에 들어가 1학년 교과서를 주문했다. 물론 교과서는 학교에서 받았지만 선생님과 수업하는 것 말고 추가로 하나씩 더 구입했다.

문제집 하나 가격의 4분의 1도 안 되는 가격에 문제집보다 4배 아니 그 이상의 효과를 얻을 수 있었다.

"이제 이게 우리 국어 문제집이야."

"엥? 엄마 이거 학교에서 배우는 교과서랑 똑같다!"

"응 맞아. 똑같은 거야. 이제 학교에서 그날 배운 내용 한마디도 좋고 다 좋으니 엄마한테 설명해 줄 수 있겠어?"

"선생님 놀이 하는 거예요?"

"응! 선생님 놀이! 네가 선생님이고 나는 이제 학생."

"그럼 엄마 말고 학생 이름 정하세요!"

"음. 그럼 나 똑똑이 할게."

"똑똑이 학생! 선생님한테 존댓말 써야지요. 이제부터 선생님 말 잘 들으세요!"

다소 강압적인 선생님의 가르침에 불끈거리기도 했지만 복습 놀이는 탁월한 학습 방법이었다. 또한 교과서는 복습 놀이에서 최고의 교재였다.

복습 위주로 함께 이야기를 나누고 선생님의 일방적인 가르침을(?) 받기도 했다.

때로는 큰소리로 읽고 따라 해야 했으며 자세를 가다듬기도 해야 했다. 연필도 똑바로 잡아야 했고 선생님이 내주신 숙제를 해야 하기도 했다.

아이는 어느 단원에 뭐가 나오며 스스로 다음 단원에 나올 이야기까지 미리 얘기해 주기도 했다. 초반에는 이런저런 쓸데없는 이야기를 하느라 20분이 넘게 걸린 적도 있었지만 어느 정도 적응이 되고 나니 10분도 걸리지 않는 날이 많아졌다. 그렇게 그날 배운 내용을 그날 복습을 하니 아이는 오래 기억하게 되었고 무엇보다 '똑똑이 학생'에게 가르쳐야 하니 학교 수업도 더욱 집중해서 듣는 듯했다.

남에게 가르치는 것이 최고의 공부라고 한다.

덧붙여, 재미까지 더해진다면 아이들에게 최고의 공부방법이 아닐까?

최고의 공부 방법으로 이끌어준 우리 집 최고의 국어 문제집은 바로 교과서이다.

엄마는 수포자인데 넌 어떡하지

수학으로 대학을 가고 영어로 취직을 한다는 말은 엄마라면 한 번쯤 들어 봤을 것이다.

어느 책에선가 수학의 중요성을 조목조목 나열해 놓은 것을 보았다. 수학을 잘하는 아이들이 과학, 코딩도 잘하고 미래 시대에 유망한 직업을 가질 확률도 높다는 것이었다.

'그래! 난 비록 수포자였지만, 우리 아이의 수학 놓치지 않을 거야!'

욕심이 화를 부르는 걸 자주 망각하는 어미 덕분에 첫째는 항상 시행착오를 겪는다.

7세가 되던 해 국어 문제집을 한창 사서 모을 때 수학도 예외가 아니었다. 국어는 책읽기가 있어 그나마 든든한 구석이 있었는데 수학은 교구 수학, 창의력 수학, 연산, 도형, 응용, 심화 등. 뭐 그리 종류가 많은지……. 알아야 할 것이 한두 개가 아니었다.

머리가 돌돌 도는 가운데 연산, 사고력, 응용수학을 종류별로 하나씩 사서 아이에게 들이대기 시작했다.

어느 날 사고력 수학 문제집을 풀던 아이가 미간에 주름을 딱 쓰고 말했다.

"엄마, 나 수학은 좀……. 싫어."

"엥? 왜?"

바이킹 젤 끝자리에 타서 내려갈 때마냥 가슴이 철렁했다.

"국어는 이야기라서 재미있는데 수학 문제집은 너무 어려워요. 잘 모르는 것도 많이 나오고. 나는 수학은 좀……. 안 좋아……."

"그래도 문제를 풀어서 답이 딱 나오면 통쾌하지 않아?"

"그렇긴 한데……. 어려운 문제가 나오면 머리 아파."

"아. 그래……. 엄마가 봐도 문제가 좀 어려운 것도 있긴 해."

사실 내가 봐도 이게 진짜 1학년 수학 문제가 맞는가 싶을 정도로 어려운 문제들이 있었다.

심화 문제집을 풀 때면 아이의 수학 공부 시간이 한없이 늘어나기도 했다.

나란 엄마는 방법이 잘못되었다는 것을 굳이 몸소 느껴야 직성이 풀리는 이상한 버릇이 있나 보다. 다시 초등수학에 관련된 책들을 파기 시작했다.

2015년 사교육 없는 세상에서 조사한 바에 따르면 초등학생 수포자가 36%, 중학생이 46%, 고등학생이 59%라고 한다. 생각보다 많은 아이들이 수학을 포기한다는 사실에 놀라고 안타까웠다. 수학을 포기한다는 것이 다가 아니다. 어릴 적부터 자신감을 상실해서 도전할 의지조차 잃어버린다는 점이 더욱 가슴 아팠다. 우리 아이도 이런 식으로 나가다간 수학이 싫어지고 포기하게 될까봐 덜컥 겁이 났다. 수학 문제집도 국어 문제집 옆에 고이 모셔 두기로 했다.

집을 지으면서 기둥을 제대로 박지 않은 채 화려한 인테리어와 가구에 눈이 멀어 집이 쓰러져 가는 줄도 몰랐다. 어떤 과목보다 기초공사를 단단히 야무지게 해야 하는 과목이 수학이다. 멋도 모르고 기초를 단단히 하는 것에 관심이 없고 출판사별 문제집만 비교하고 연구하고 있었던 것이다.

수학 또한 멀리 오래가야 하는 장기전이다. 단단히 잘 다져진 연산 능력이 수학의 자신감을 키워 주고 쉽게 포기를 하지 않는 힘을 만들어 준다. 그리고 초등 저학년 수학의 포인트는 바로 자신감이었다. 든든한 자신감을 가지고 뿌리를 단단히 하다 보면 일찍, 그리고 쉽게 수학을 포기하진 않을 것이다.

언제나 그렇듯 포기는 빠르고 방법은 늘 바뀐다.

여러 책과 선생님의 조언으로 문제집이 아닌 교구를 선택했다. 연결 큐브100! 가격도 저렴하고 무엇보다 아이의 반응이 좋았다. 연결 큐브로 가르기 모으기 놀이도 하고 10만들기 게임도 했다. 아이는 놀이처럼 재미있어 했으며, 큐브로 다른 모양도 만들고 곧잘 가지고 놀았다. 알고 보니 나중에 학교 수업 시간에도 선생님이 큐브로 더하기

빼기 원리를 설명하고 수업을 진행하였다.

책장에 들어가지 않은 유일한 수학 문제집이 있었다. 바로 연산 문제집이다.

연산 문제집은 하루에 3분에서 5분 정도 꾸준히 풀어 나갔다. 꾸준히! 연산은 무엇보다 꾸준히가 제일 중요한 것 같다. 꾸준함이 비범함을 만들 듯 꾸준한 연산 실력이 아이의 수학 실력을 늘려줄 것이라 믿었다.

교과서를 사면서 물론 수학 교과서도 샀다. 수학 교과서도 좋았지만 수학 익힘 책은 최고의 복습 문제집이었다. 전에 여러 문제집을 비교해 보았지만 그 어떤 문제집보다 재미있고 구성이 체계적이었다.

아이가 학교에서 배운 내용을 집에 와서 선생님 놀이로 설명을 하고 수학 익힘 책을 한 번 더 풀어 보았다. 그렇게 수학 공부도 선생님 놀이, 수학 익힘 책 풀기, 연산 풀기로 늦어도 15분 정도면 마무리가 되었고 아이의 집중력도 더욱 좋아졌다.

물론 수학을 좋아하고 잘하는 친구들은 응용이나 심화 과정의 문제집을 풀어도 좋을 것 같다. 하지만 우리 아이의 수준에 맞는 그리고 저학년일수록 자신감을 키워줄 수 있는 수학 놀이가 우선이 되어야 한다고 생각한다.

코로나로 집콕 생활이 늘어나자 아이와의 놀이의 한계를 느끼던 찰나, 좀 쉽게 놀아줄 수 있는 아이템을 찾고 있었다. 그러던 차 보드

게임을 발견하게 되었다. 반응은 생각보다 좋았다. 나 역시나 신체 노동이 적은 큰 움직임 없이 앉아서 할 수 있는 놀이라 좋았고, 시간도 잘 갔다. 이런 장점들 가운데 가장 매력적인 건, 아이의 사고력과 사회성이 함께 자라는 것이다. 집콕 기간이 길어질수록 보드게임도 하나씩 늘어 갔다. 도형놀이를 할 수 있는 우봉고, 셈놀이를 할 수 있는 셈셈수놀이, 패턴을 익힐 수 있는 디지오스, 땅따먹기 테트리스 루미큐브 등 수학에 놀이가 더해져 아이들도 나도 재미있게 시간을 보내기도 했다.

아이가 고학년이 되면 방법을 달리해야 할 날이 올 거라 생각한다. 저학년인 지금은 무엇보다 자신감과 기초 능력을 단단히 다져 나가는 게 제일이라는 생각이 든다. 일찍부터 수학이라는 과목에 스트레스 받지 않고 질려 하지 않고 든든한 자신감을 장착한다면 쉽게 수학을 놓지 않을 거라 믿는다.

절대 놓칠 수 없는 책 육아

"엄마. 캐리어 부서질 것 같아요!"

"어? 맞네. 책을 너무 많이 넣었나 보다. 안 되겠다. 책 좀 나눠 들자!"

일주일에 한두 번 도서관에 간다. 처음엔 마트장바구니를 들고 갔으나 어깨가 탈골될 뻔해서 플라스틱 장바구니 캐리어를 하나 샀다. 2년 정도 쓰니 이제 곧 부서질 것 같이 수명을 다하고 있었다. 캐리어를 다시 사야 하나 고민하고 있는 가운데 도서관에서 전화 한 통이 걸려왔다.

"안녕하세요. 올해 문화체육부관광과 한국도서관 협회에서 선정하는 책 읽는 가족으로 선정되었습니다."

"네? 그게 뭐예요?"

"말 그대로 책 읽는 가족으로 선정이 되었으니 상패와 상품 받으러 오시면 됩니다."

"네? 네! 고맙습니다."

이런 상이 있는 줄도 모르고 있던 차, 캐리어도 사야 하고 힘에 부치던 차, 반가운 전화 한 통으로 그동안의 노고가 씻겨 내려가는 듯했다.

아이들도 신기해하며 기뻐했다. 가족이 함께 받는 상이라 더욱 의미가 깊었고 아이들에게는 책에 대한 자부심과 책을 좀 더 가까이 할 수 있는 계기가 되었다. 그 어떤 상보다 기쁘고 값진 상이었기에 지금은 주위사람들에게 도전해보라 강력히 권하고 있다.

일주일에 한번 도서관을 가는 건 큰아이가 여섯 살 때부터였다. 아이들은 하원을 하면 곧장 집으로 오길 거부했다. 놀이터도 갔다가, 강변도 걷다가, 체육공원에 가서 뛰어 놀기도 했다. 반복된 코스로 지겨워하던 중 마침 유치원 하원을 하고 돌아오는 길에 도서관이 있었다. 그렇게 시작된 도서관 가기는 우리의 일상이 되었다. 도서관에 가서 책을 한 아름 빌려오면 그렇게 뿌듯할 수가 없다. 마치 마트에서 거하게 장을 보고 나오는 기분이 든다. 그것도 공짜이니 더욱 부자가 된 기분이다. 아이들도 도서관에 가면 이 책 저 책 캐리어에 담기 바쁘다. 물론 집에 와서 다 읽진 않는다. 초반에는 힘들게 겨우 들고 왔는데 읽지 않는 아이에게 다급한 권유를 하기도 했다.

"이 책 내일 반납인데. 읽지 않을래?"

그날 저녁은 아이가 읽고 싶은 책보다는 반납해야 할 책부터 읽고 해치워야 한다는 생각에 아이의 반응을 살피지도 않고 꾸역꾸역 읽어주었다.

내가 빌려온 책도 마찬가지였다. 도서관에 가면 뭐 그렇게 읽고 싶고 집에 가져가기만 하면 다 읽을 수 있을 것 같은 책들이 많은지. 나 또한 반납기간이 다 되어 가면 유통기한이 얼마 안 남은 음식을 억지로 먹듯 꾸역꾸역 읽기도 했다.

'아이들도 이런 느낌일까? 막상 먹기 좋아 사왔지만 지금 먹고 싶지 않은 음식을 유통기한 때문에 억지로 먹는 느낌. 그래서 앞으로 다시는 먹기 싫어지는 느낌.'

그 후론 아이들이 빌려와도 보지 않는 책에 대해 아무 말도 하지 않았다. 나 역시도 보다가 내 취향에 맞지 않는 책은 바로 덮어버리기도 했다.

'책 읽는 건 습관화해야지.'

'적어도 매일 책을 삼십 분씩은 읽자.'

'소리 내서도 읽어볼래?'

'무슨 내용인지 말해줄래?'

'읽던 책 끝까지 다 읽고 다른 책 좀 읽지.'

'이 책이 수학에 도움이 된다던데 이거 읽어.'

'책 읽고 독후활동 해보자! 여기에 느낀 점 좀 써볼래?'

'책 몇 권 읽기가 목표야? 오늘까지 몇 권 읽었니? 언제까지 달성할래?'

만약 누군가 나에게 이 많은 말을 내던진다면, 생각만 해도 끔찍하다. '에잇. 그냥 안 읽고 말지.' 하며 책을 멀리 하고 싶었을 것이다.

흔히 책읽기는 습관이 되어야 한다고 한다. 습관은 몸에 배어 자연

여기저기 책을 두고 여러 책을 동시에 읽었다.

날씨에 따라 기분에 따라 장소에 따라 읽고 싶은 책들이 달라졌다.

어느새 내가 느끼지 못하는 순간에도

내 손에 책이 있었고 책의 반경도 점점 넓어지고 있었다.

스럽게 나오는 행동이다.

책을 볼 때마다 부담을 가지고 결심하면서 본다면 긍정적인 온전한 습관이 되기 어렵다.

나에게 독서가 삶에 큰 자리를 차지하고 있게 된 이유들을 되짚어 보았다.

읽기 싫으면 읽지 않았다. 억지로 보니 책과 더 멀어지는 느낌을 받았기 때문이다.

읽고 싶은 부분만 읽기도 했다. 때로는 필요한 부분만 뽑아서 보는 것도 효과적이었다.

여기저기 책을 두고 여러 책을 동시에 읽었다. 날씨에 따라 기분에 따라 장소에 따라 읽고 싶은 책들이 달라졌다. 많은 생각을 하지 않고 읽고 싶은 대로 여러 책을 한꺼번에 보기도, 본 책을 또 보기도 했다.

내가 읽고 싶은 책을 골라 읽었다. 베스트셀러, 스테디셀러도 좋지만 내 상황에 따라 골라 읽는 책이 최고였다. 어느새 내가 느끼지 못하는 순간에도 내 손에 책이 있었고 책의 반경도 점점 넓어지고 있었다.

아이들도 마찬가지라 생각한다. 아니 아이들은 더욱 더 세심하게 독서에 대한 배려를 해줘야 한다. 책의 선정과 책의 내용, 책을 통해 배운 것이 무언가에 신경을 쓰는 게 아니다.

아이가 책의 재미에 빠질 수 있도록, 아이가 책 읽는 것이 자연스러운 행동이 될 수 있도록 책읽기의 자유를 인정해 줘야 한다. 책을 진정 사랑할 수 있도록, 책이 평생의 든든한 친구가 될 수 있도록 말이다.

책을 통해 삶의 어둠을 걷어내고 새로운 꿈을 향해 달려가고 있는 내가, 책이 부모님과 가족 다음으로 든든한 기둥이라 몸소 느끼는 내가 아이에게 해줄 수 있는 건, 책에 대한 자유를 마음껏 주는 것이다.

사교육 합의가 필요해

"엄마. 오늘은 학교 앞에 데리러 오면 안 돼요?"

"응, 알았어. 학교 앞에서 기다릴게."

학교를 띄엄띄엄 가다 보니 집에 혼자 하교하는 게 아직은 낯선가 보다. 조금 일찍 도착한 학교 앞에서 아이를 기다리다 아이와 같은 반 친구 엄마를 만났다.

"안녕하세요?"

훅 들어오는 인사에 후줄근한 내 복장을 머릿속으로 스캔해보며 웃으며 인사를 건넸다.

"네, 안녕하세요?"

"날씨가 많이 덥네요. 코로나가 언제 사라질지."

"그러게요. 선생님도 아이들도 고생이네요."

어색할 땐 모름지기 날씨나 이슈 이야기가 제격이긴 하지만, 금세 끝나 버리는 단점이 있다. 마땅히 이어갈 대화가 생각나지 않아 엄한 휴대폰을 만지작거리며 보았던 메시지를 또 보았다.

"저, 혹시 수학 학원 어디 보내세요?"

상대방의 엄마도 어색했는지 다시 말을 이어 걸어왔다.

"네? 아, 안 보내는데……."

"그럼 혹시, 영어학원은 어디 다녀요?"

"아, 영어도 안 보내고 있어요."

"그럼 무슨 학원 다녀요?"

"미술 학원 한 군데 다녀요."

"아……. 그러시구나."

그녀에게서 이상하게 안도감이 느껴지는 표정이 스쳐 지나갔다. 대답을 하는 나도 한 군데라도 가는 학원이 있어 다행이라는 생각이 처음으로 들었다.

반가운 타임에 아이가 나왔다. 인사를 하고 집으로 걸어오면서 아이에게 물었다.

"학교 친구들 중에 학원 다니는 친구 많아?"

"네! 피아노 태권도 미술 영어 수학 이렇게 다니는 친구도 있고, 집으로 선생님이 오는 친구도 있어요. 내가 제일 안 바빠요. 수업 마치고 친구들이랑 운동장에서 놀고 싶은데 친구들 학원 가야 해서 못 놀아서 속상해. 코로나 때문에 교실에서 말도 못하고, 친구들 바빠서 수업 마치고도 못 놀고……."

볼멘 아이의 목소리에 괜스레 미안한 마음이 들었다.

'같이 놀 친구가 없어서 학원 간다더니. 그 말이 맞을 수도 있겠다.' 싶었다.

사교육을 포함한 아이에 관련된 교육은 과해도 걱정, 부족해도 부모의 역할에 대해 자책하게 된다. 아이의 성향에 맞게 학원을 딱 알려주고 가르쳐주는 족집게 부모 학원은 없을까? 당장이라도 등록하고 제일 앞자리에서 필기까지 해가며 들을 자세가 되어 있는데……. 참, 어렵도다.

수학이며, 영어며 좋은 학원들이 정말 많다. 나도 몇 번 방문하여 상담도 받아 보고 아이를 보내고 싶은 마음도 많았었다. 설명을 들을 때마다 어찌나 우리 아이에게 필요한 거 같은지. 당장에라도 보내지 않으면 아이가 뒤처질 것 같고 아이의 재능을 계발하지 못할 것 같은 불안감이 들었다.

그럼에도 허벅지를 꼬집으며 참으며 보내지 않은 이유는 학원을 보내는 순간부터 아이가 책에 빠질 시간이 줄어드는 것 같아서이다. 물론 맞벌이를 하는 가정에서는 학원의 좋은 교육을 받고 시간을 알차게 보내는 것도 현명한 방법 중 하나이다.

만약 아이가 학원을 간다고 하면 이동시간이 적어도 왕복 30분, 넉넉히 수업 시간 제외하더라도 길에서 한 시간 이상을 보내야 한다. 더군다나 한 군데가 아니라 여러 군데라면 학원을 마치고 집에 오면 벌써 저녁 먹을 시간이다. 거기에다 저녁 식사 뒤 해야 할 학원 숙제까지 아이들을 기다리고 있다.

물론 잠깐씩 비는 시간에 책을 볼 수도 있다.

"학원가기 전 20분 동안 책 읽어."라고 한다면 어른에게 "출근하기 전에 20동안 책 읽어."란 말과 같이 느껴질 것이다. 물론 그 시간에 책을 읽을 수도 있지만 진정 책에 빠지려고 하는 순간 학원에 가야 할 시간이 되는 경우가 많을 것이다.

어쩌면 아이에게는 그 짜투리 시간마저 책읽기가 숙제로 느껴질 수도 있다. 자연스레 책읽기와 멀어지고 학년이 올라갈수록 책에 빠져 즐길 기회는 더욱 사라진다.

적어도 저학년 때까지는 일주일에 이틀 정도는 책을 위해 아이에게 학원에 가지 않을 자유를 주고 싶다.

아이에게 입학 전 초등학교에서 가장 기대하는 것에 대해 물은 적이 있다.

"엄마! 학교에 가면 바이올린이랑 컴퓨터도 배우고 과학 실험 같은 것도 한대요! 그래서 빨리 가고 싶어요."

학교 방과 후 수업을 이야기하는 것이었다.

학교마다 프로그램이 조금씩 다르지만 악기, 컴퓨터, 미술, 영어, 과학 등 다양한 방과 후 프로그램이 있다. 방과 후 프로그램의 최고의 장점은 정규 수업을 마치자마자 프로그램이 진행이 되어 시간의 효율성이 좋다는 점이다. 또한 학교에서 운영을 하니 가격적인 면과 안정적인 것도 큰 장점이었다. 아이와 이야기 끝에 방과 후 수업을 두 개 신청했다. 아이는 방과 후 수업이 있는 날만 기다리며 좋아했다. 방과 후 수업을 해도 아이가 마치는 시간은 한 시간 밖에 차이가 나지 않아

도서관 가기 등 다른 활동이 가능했다. 시간과 비용을 아낄 수 있는 것은 물론 책을 읽을 수 있는 시간까지 확보할 수 있어 좋았다.

초등저학년에 있어 가장 중요하게 생각하는 두 가지는 바로 책과 체력이다. 책과 체력이 아이에게 든든한 버팀목이 되어 초등 고학년, 중학교, 고등학교, 대학교까지의 긴 레이스의 원동력이 될 것이라 믿는다. 아이가 저학년일 땐 최대한 책에 푹 빠질 시간과 맘껏 뛰어 놓을 수 있는 자유를 주고 싶다. 학습을 통한 자존감도 물론 중요하지만 무엇보다 세상을 살아가며 얻을 수 있는 가장 큰 힘과 지혜는 책에서 배울 수 있다고 믿는다. 그리고 체력에서 자신감과 자존감이 함께 성장하리라 생각된다.

내가 그랬던 것처럼 책이 아이에게 행복을 만들어 나가는 길에 큰 힘을 주리라 믿어 의심치 않다.

성공한 아이가 행복한 것이 아니라
행복한 아이가 성공하리라 나는 믿는다.

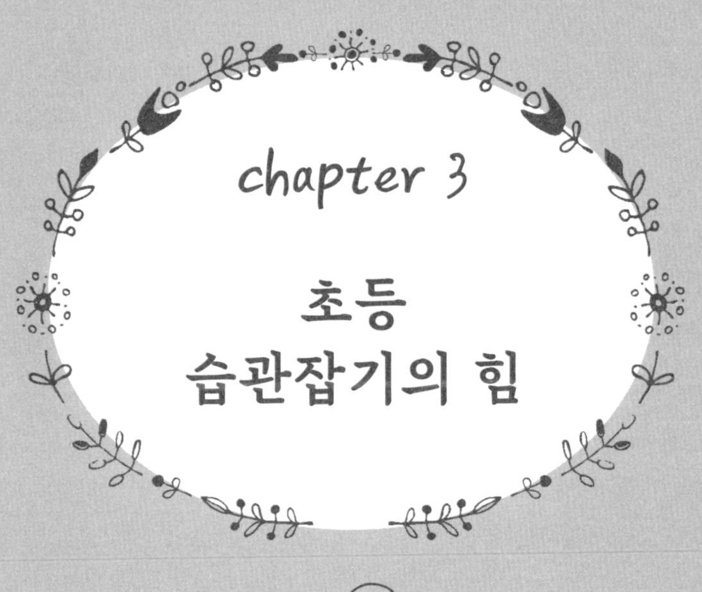

chapter 3

초등 습관잡기의 힘

아침 식탁에서 똥줄 타는 엄마 마음

우리 집 첫째의 장점은 수도 없이 많다.

그런데 단점을 굳이 비밀스럽게 이야기하자면 늘 꾸물댄다. 하, 천하태평……

어찌 그리 여유가 넘칠까. 오죽하면 친정 엄마가 금이야 옥이야 사랑하는 첫 손녀딸에게 '꾸물이'라는 별명을 붙여 주셨을까.

등교를 함께하기 위해 먼저 신발을 신고 현관문을 잡으며 뒤를 돌아보면 아이의 행동이 슬로우 모션으로 보인다. 아침에 나의 행동 속도가 2.5배속이라면 아이는 마이너스 4배속에 가까운 것 같다. 아이의 꾸물거림과 나의 급한 성격이 부딪히는 최고의 순간은 늘 아침이다. 쉼 호흡 기법, 10까지 아니 30까지 세기 기법, 늦으면 네 손해지 내 손해냐 될 대로 되라 기법 등 돌려 가며 써 보았지만 반복적인 부딪힘에 패자는 언제나 나였다.

"어서 아침 먹자. 옷 입고 와."

"오늘 밥 뭐예요?"

"뭇국이랑 멸치 반찬. 참! 시금치도 있어."

"힝, 나 뭇국 먹기 싫은데……."

아이의 반응에 기운이 확 빠진다. 등교 시간이 얼마 남지 않았는데도 불구하고 먹는 둥 마는 둥 개작거리고만 있는 아이를 보니 속이 터진다.

'휴. 기껏 신경 써서 준비했더니 한다는 말이. 먹지도 않고 뭐하노 진짜…….'

기분 좋은 아침을 위해 차마 내뱉지는 못하고 속으로만 삭힌다. 두드러기처럼 심술이 확 올라온다. 기분 좋게 시작했던 아침에 기분이 상하는 날이 하루 이틀이 아니다.

아침은 먹여 보내야 한다 해서 아침을 챙겨 주려 일찍 일어나 바지런하게 음식 준비를 해도 식탁의 데코레이션으로 전락하기 일쑤였다.

아마 아이가 아침밥을 다 먹고 학교에 가면 2교시가 끝날 무렵쯤이나 될 듯했다. 아이를 좀 더 일찍 깨워 준비를 시켜 보기도 했지만 결과는 비슷했다.

상황이 이렇다 보니 활기차고 즐겁게 시작해야 할 하루가 먹구름이 잔뜩 낀 채로 시작하는 날이 부지기수였다.

'아, 그래도 아침엔 기분 좋게 보냈어야 하는데.'

속으로 참지 못하고 뾰족한 한마디를 아이에게 내뱉고 보낸 날이면 시퍼렇게 멍든 내 마음과 어두웠던 아이의 표정이 오전 내내 생각난다.

내 일이 있는 날엔 마음이 더 바빠져 아이의 하루를 그늘지게 할 수 있는 말도 많이 했다. 늘 뒤돌아서서 후회를 하고 다짐을 하지만 또 아침이 돌아오면 반복 재생이 되었다.

아이가 좋아하지 않는 반찬이나 국이 나오는 날엔 시간이 몇 배로 더 걸렸다. 맘 같아선 숟가락을 아이의 입에 떠 넣어 주고 빨리 상황 종료를 하고 싶기도 했다. 하지만 아침에 일어나 부지런하게 밥까지 한 내 노력의 자존심이 허락하지 않았다.

'아침밥을 포기해야 하나?'

아침밥은 포기할 수 없다. 아침밥의 중요성에 대해 하도 많이 들어서 포기를 하면 마치 죄를 짓는 느낌에 마음이 더 무거울 것 같았다.

결국 하루를 든든하게 시작할 것이냐, 하루를 기분 좋게 시작할 것이냐의 기로에서 후자를 택하기로 했다. 조금 더 일찍 깨우고 아침 식사를 좀 더 간편하게 준비했다.

아침 메뉴는 아이와 상의하여 정했다. 몸에는 좋지만 아이가 좋아하지 않는 음식은 과감히 제외시켰다. 아이에게 미리 아침 메뉴를 정하게 하기도 했다. 대부분 10분 안에 준비할 수 있고 빨리 먹을 수 있는 메뉴들을 일주일 간격으로 돌려막기 했다. 계란찜, 스프, 토스트, 샌드위치와 일주일에 한번은 우유 까까(콘플레이크의 우리 집 별칭)로 대신하기도 했다.

'이렇게 부실하게 먹여도 될까?'

아침 메뉴는 아이와 상의하여 정했다.
몸에는 좋지만 아이가 좋아하지 않는 음식은 과감히 제외시켰다.
아이에게 미리 아침 메뉴를 정하게 하기도 했다.

아침 메뉴가 우유 까까인 날은
티비 광고 속 다정한 엄마처럼 온화한 웃음으로
등교하는 아이에게 웃으며 손을 흔들 수 있었다.

‘그래도 탄수화물은 먹고 가니 괜찮겠지?’

‘아, 적응되면 메뉴를 추가시킬까?’

아침을 기분 좋게 시작하고 편히 준비하고 싶은 이기심과 부실한 식단에 대한 죄책감이 부딪히기도 했다. 하지만 곧 아이도 나도 기분 좋게 시작하는 하루의 매력에 빠져 갈등들은 잊어버리게 되었다.

아침 메뉴가 우유 까까인 날은 티비 광고 속 다정한 엄마처럼 온화한 웃음으로 등교하는 아이에게 웃으며 손을 흔들 수 있었다.

스마트폰 그것이 문제로다

"엄마. 우리 반에 나 빼고 친구들 휴대폰 다 있어요. 그것도 엄마 폰과 같은 스마트폰이요."

"잉? 정말?"

내심 설마 너 빼고 다 있겠나 싶었다.

"정말이에요. 진짜 나 빼고 다 있어요."

'휴대폰이 갖고 싶은 네 맘이 정말이겠지…….'

사실 휴대폰을 사줘야 할지 말아야 할지 고민을 많이 했다. 특히나 스마트폰은 정말이지 최대한 미루고 싶은 마음이 컸다. 아이의 기나긴 설득과 나의 긴 고민 끝에 내린 결론은 10살 때 다시 생각하자였다. 혹여나 그때까지 못가더라도 최대한 늦추고 싶었다.

세계의 IT산업을 이끌어 가는 실리콘밸리의 자녀들은 스마트 기계를 최대한 늦게 노출시킨다는 말. 휴대폰으로 시작되는 SNS 왕따에서부터 게임 문제까지.

어른도 자제하기 힘든 스마트폰 사용을 과연 어린아이가 조절 가능할 것이지 의문스러웠다.

무엇보다 스마트폰이 있으면 책과 멀어질 수도 있겠다는 우려에 대책 없이 덜렁 사주기만 할 수 없었다. 그럼에도 아이의 마음은 갈수록 간절해졌다.

"엄마, 친구들이 전화번호 물어보는데, 나도 휴대폰 갖고 싶어요."

"그래. 엄마라도 갖고 싶겠다. 근데 지금 너한테 친구랑 연락하는 거 말고 휴대폰이 왜 필요할까?"

"학교 마치고 엄마랑 연락할 수도 있고, 혹시나 늦게 나오면 전화도 하고."

"엄마가 학교 알리미로 너 등하교 메시지 받는데. 그리고 너 학교 전화로 엄마한테 콜렉트콜 하면 되잖아."

"그래도 혹시나 하교 후에 무슨 일 있으면 엄마한테 전화도 해야 하고."

"그건 그러네. 혹시나 혼자 집에 올 때 무슨 일 있으면 연락할 수 있음 되는 거네!"

내 말이 끝나자 다 되었다 싶은 기대에 찬 표정으로 아이가 나를 바라보았다. 나도 번뜩하고 떠오른 생각에 미소를 머금고 서랍장으로 향했다.

코로나 전, 우리 가족은 캠핑을 자주 다녔다. 캠핑장에서 언제나 아이들을 따라 다닐 수가 없었다. 그래서 신랑이 마련한 것이 무전기였다.

무전기를 손에 들고 나타나자 아이는 의아한 눈빛으로 무전기와 나를 번갈아 보았다.

"무슨 일 있으면 무전기로 연락하면 되잖아!"

아이가 실망할까 내심 걱정했지만 의외로 좋은 생각이라며 폴짝폴짝 뛰었다.

그날 밤 당장 나는 집에서, 아이와 아빠는 학교로 가서 무전기를 테스트했다. 5킬로까지는 수신이 된다는 말에 설마 했지만 진짜였다. 생각보다 성능이 좋아서 반갑게 놀랐다.

다음날 아이는 의기양양하게 무전기를 목에 걸고 등교를 했다. 가방에 넣고 가라니까 굳이 목에 걸고 가고 싶다며 목에 무전기를 매고는 신나게 학교로 향했다.

학교 수업이 마치자 "하교 신호가 감지되었습니다." 하고 학교알리미가 떴다.

그리고 나도 무전기의 스위치를 켰다.

"엄마!"

"응."

"나 마쳤어요. 잘 들려요?"

"응 잘 들려."

"나도 잘 들려요 헤헤. 친구들이 엄마랑 무전기해보고 싶대요."

몇몇 친구들과 무전기로 통신 후 아이는 그제야 집에 오겠다는 말을 남겼다.

"엄마! 지금 가고 있어요."

“응 조심히 와.”

“엄마! 지금 편의점 지났어요.”

“응.”

“엄마 나 이제 아파트 앞이에요.”

“엄마 나 이제 엘리베이터 타요.”

조금은 세심한 보고가 귀찮았지만 안심되는 마음이 더 컸다.

학교에서 돌아온 아이는 친구들이 무전기를 신기해하며 만져 보자 해서 그러라고 했다며 신이 나서 자랑을 했다. 스마트폰 가진 친구들마저 무선기가 신기하다며 아이를 부러워했다고 한다. 역시나 1학년 아가들 참 귀엽다는 생각에 웃음이 났다.

몇 주 뒤 아이가 학교에서 오더니 어두운 얼굴로 말했다.

“엄마 우리 반에 @@가 인스타에 ##를 못생겼다고 사진이랑 올려서 그 친구 오늘 학교에서 많이 울었어요.”

“진짜? 그 친구 너무 속상했겠다.”

“네, 계속 울었어요. 생각해보니 난 스마트폰이 없어서 다행인 것 같아요.”

아이들은 언제나 어른들이 생각하는 것보다 빠르다. 우리가 생각하는 아이들의 모습도 다가 아니다. 벌써 인스타를 하고 그런 표현을 온라인상에 서슴없이 한다는 것이 충격이었다.

‘어른들이 그런 글을 봐도 멘탈을 붙잡기 힘들 텐데 아이들은 과연 잘 버텨낼 수 있을까’ 하는 고민도 들었다.

무전기를 거쳐 일 년뒤 전화와 문자만 되는 키즈폰을 장만했다. 본인의 전화번호가 생겼다는 것만으로도 아이는 기뻐했다.

언젠가 스마트폰을 사줘야 할 날이 올 것이다. 좋지 않은 점이 있다 해도 언제까지 막을 수는 없다. 만약 그때가 온다면 아이와의 충분한 대화를 통해 모두가 지킬 수 있는 스마트폰 규칙 만들고 부모인 나부터 철저히 지켜야겠다 다짐했다.

생각습관으로 공부습관 다지기

'초등학생이 되니 우리 엄마가 달라졌다. 자꾸만 나에게 뭘 시킨다.'

'공부 습관을 길러야 한다며 매일 뭘 자꾸 시키는데 엄마가 하라니까 하기는 한다.

'왜 해야 하는지 이유도 안 가르쳐 주고 안 하면 화를 내기만 한다.'

'학교에 가서 아이들을 보니 하긴 해야 할 것 같다. 왜인지는 모르겠다.'

'공부를 안 하면 엄마가 나를 싫어할 것 같다.'

'엄마가 나를 싫어하는 건 끔찍하게 싫다. 공부를 하는 것보다 더 싫다.'

초등 입학 시기 여러 책에서 초등 저학년 때 공부 습관을 안 잡으면 큰일이라도 날 것 같은 무시무시한 제목의 책들을 보았다. 가슴에 초시계가 박힌 듯 조바심이 났다.

'학교를 제대로 다니지도 못하는 이 시기에 공부 습관을 어떻게 만

들어야 하지?'

'공부 습관이 제대로 잡혀야 자기 주도 학습도 가능해진다는데.'

아! 시간표! 학교 수업 시간 그대로 시간표를 짜서 공부 습관화를 실천해 나가 봐야겠다 마음먹었다. 학교생활 루틴과 같이 시간표를 짠다는 참신한 내 아이디어를 자랑스럽게 아이에게 말했다. 기대한 반응과 달리 아이의 표정이 어두워지면서 입 주위가 살금살금 튀어나오고 있었다. 분위기 파악을 완료하고 수습에 들어가야 했다.

'그렇지! 동기를 심어 주자!'

"공부는 왜 해야 하는 걸까?"

"엄마가 하라 하니까요."

참 나. 내가 뭘 그렇게 많이 시켰다고. 1초의 망설임도 없이 당당하게 말했다. 욱을 한번 누르고 아이에게 다시 물었다.

"그래? 그럼 엄마가 왜 하라고 하는 걸까?"

"음. 내가 멍청해질까 봐?"

욱과 한숨이 동시에 올라왔다. 꿈을 위해, 훌륭한 사람이 되기 위해, 잘 먹고 잘살기 위해라는 진부한 말들로 아이를 설득하고 싶지 않았다. 뭔가 참신한 말로 아이를 설득하고 싶었다. 아이의 공부 동기를 빡! 박아 줄 수 있는 그런 이유들 없을까?

생각을 이어나가다 내 초등학교 시절 마음의 기억이 떠올랐다.

돌아보니 그때의 나도 지금의 아이처럼 엄마가 공부하라고 하니까 했다. 해야 할 것만 같았다. 공부를 안 하면 부모님께 죄를 짓는 것 같았다. 대학 졸업까지 내가 공부를 왜 해야 하는지 스스로에게 물어본 적이 없었다. 부모님과 진지하게 대화를 나눈 기억도 없다. 공부를 잘해서 좋은 대학에 들어가 부모님을 기쁘게 해 드리고 싶었다. 그 외에 동기 따윈 없었다. 그러니 성적이 그 모양이었겠지만.

사회생활을 하며 내가 하고 싶고 필요한 공부를 하며 깨달았다.

'아, 학창시절에 조금 더 열심히 할걸. 그랬다면 지금 내 일과 연관되어 할 수 있는 더 좋은 기회가 더 많았을 텐데. 더 많이 경험하고 내 공부와 연결시킬 수 있었을 텐데…….'

아이는 오늘을 살지만 엄마는 아이의 미래에 살고 있기에 늘 불안하다.

부모는 공부에 관련된 중요성과 기회를 몸소 느껴보았기에 불안한 게 당연하기도 하다. 아이에게 내가 겪은 실패나 시련을 겪게 하고 싶지 않다.

동시에 내 어릴 적 마음과 아이의 마음이 같음을 알기에 아이의 의지를 기다리고 또 믿어줘야 한다는 것도 안다. 하지만 아이가 진정하고 싶은 이유를 찾아 스스로 열심히 할 수 있을 때까지 기다릴 수 있는 인내심이 있는 엄마로 살아가기엔 너무나 힘든 환경이다.

내가 할 수 있는 최선은 무작정해야 하는 공부가 아닌 아이 스스로 왜 해야 하는지에 대한 답을 함께 찾아 나가는 것이다. 공부 습관보단 생각 습관을 잡는 게 더 우선시 되어야 한다. 생각 습관이 잡힌 아이들은 어떤 일을 만나도 스스로 해 나갈 힘 또한 찾을 수 있다.

물론 단숨에 훤히 보이는 길은 아니다. 때로는 둘러 가기도 하고 길을 잘못들 수도 있다. 하지만 자신만의 길을 찾는 과정에서 스스로에게 자주 질문을 던졌으면 좋겠다.

누군가를 위한 혹은 남들처럼 따라가는 맹목적인 삶이 아니라 아이 스스로가 주체적인 삶을 위해 의문을 가졌으면 좋겠다. 아이는 이 과정을 통해 부모를 위한 공부가 아닌 자신을 위한 공부임을 찬찬히 알아나가리라 믿어본다.

진정한 놀이 시간

설거지를 마무리하고 고무장갑을 벗는다.

"엄마 뭐 먹고 싶어요."

과일을 좀 챙겨 주고 청소기를 드는데 또 부른다.

"엄마 다른 건 먹을 것 없어요?"

심심하다는 말이다. 하루 종일 집에 있는 시간이 늘어나면서 아이의 요구도 늘어간다.

밥도 먹었고, 간식도 먹고 배도 찼는데 자꾸 부르는 건 아이가 심심하다는 거다.

알지만 모른 척하고 꿋꿋이 내 할 일을 한다.

"엄마 심심해요."

올 것이 왔다.

아이가 심심하단 말이 나오면 심장이 덜컹 내려앉는 기분이 들 때가 있었다.

'하. 또 뭘 하고 놀아주나? 뭘 또 준비해야 하나? 뒷정리는 어찌 감당하나? 곧 저녁 차릴 시간인데 어찌해야 하나…….'

아이의 한 마디에 백 개의 물음표가 내 머리 위를 둥둥 떠다닌다. 아이가 어릴 적 하루를 때울 아이템을 위해 시간 투자 돈 투자를 했었다.

거품 물감을 사서 10분 놀고 40분 정리하기도 했다. 덕분에 화장실 청소까지 하게 되었다.

이왕 살 거 교육에도 도움 되면 어떨까 싶어 큰 맘 먹고 블록 교구들도 장만했다. 시작은 아이가 했지만 마지막은 내가 낑낑거리며 끼우고 있었다. 책 독후 활동이 좋다고 해서 SNS로 자료를 수집하여 해보기도 했다. 사진 속 아이들과는 너무도 다른 결과물에 실망하고 그만두기도 했다. 과학실험이 좋다고 해서 드라이아이스, 화산 폭발 실험도 했다. 이미 유치원에서 해 보았다며 기대만큼 놀라 하지도 않았다.

몸도 마음도 지친 어느 날 아이가 심심하다는 말에 나도 모르겠다 싶어 되물었다.

"그래서?"

"놀아 주세요."

"어떻게?"

"그건 엄마가 알죠."

매번 내가 놀이의 주제를 정해주고 시작을 했기에 아이도 당연히 뭔가 있겠지 싶었나보다.

"엄마는 안 심심해. 심심한 네가 뭐하고 놀고 싶은지 생각해봐."

아이가 초등학생이 되면

엄마 주도 놀이에서 아이 주도 놀이로 넘어가야 할 시기이다.

이제는 아이의 심심하다는 말이 덜 부담스럽다.

깜깜한 밤 눈 벌겋게 해서 놀이 아이템을 검색하고

쇼핑하지 않아도 된다.

아이는 조금 생각하는가 싶더니 모아 둔 이면지를 가지고 와서 오리기 시작했다. 집을 만들 것이라며 이것저것 가지고 온다. 내심 '입체적인 집을 만들려면 저걸로 되나' 싶었지만 그냥 잠자코 보고 있기로 했다.

집중을 하면 입술이 뾸록 튀어나오는 아이 특유의 귀여운 표정에 입꼬리가 올라갔다. 아직도 아기같이 귀여운 면이 있다가도 예상치 못한 말과 행동으로 섬뜩하게 만드는 게 초등 저학년의 매력인 거 같다.

"이건 화장실이고 이건 계단이고 계단은 접어서 붙어야 하고."

주절주절 열심히 설명을 했다. 또박또박 열심히 아이의 설명에 대답했다. 사진으로 남겨 놓을 만큼 멋진 만들기는 아니었지만 아이는 오래오래 보관할 것이라며 자기 방으로 가지고 갔다. 흐뭇한 표정으로 방에서 나오는 아이가 말한다.

"엄마 오늘 진짜 재미있었다. 그지요?"

오늘 내가 나서서 안 하니 참 편했다 생각하는 찰나였다.

재미있었다는 아이의 말에 원 플러스 원 상품인지 몰랐는데 계산하려는 순간 점원의 말로 알게 된 기분이었다.

이제껏 아이가 심심하다고 하면 내가 놀아줘야 한다고 생각했었다. 놀이뿐만 아니라 아이의 질문과 문제에 늘 내가 해결해야 한다는 하는 마음이 앞섰다. 아이가 어릴 때에는 내가 놀이를 선정하고 설명해주고 아이는 따라 하거나 시키는 대로만 하는 놀이가 많았다. 아이가 끝내고 싶어도 끝내지 못하고 인증 샷 찍으며 억지로 행복한 듯 미소를 짓기도 해야 했다.

유아기에는 부모의 도움과 주도가 어느 부분 필요한 건 사실이다. 유아 시기에는 배울 것도 알 것도 조심해야 할 것도 많다. 하지만 아이가 성장하고 생각이 커 갈수록 심심해하고 멍 때릴 수 있는 시간을 주고 싶다. 심심해 할 틈이 없는 요즘 아이들을 보면 안타깝기도 하다. 이제는 일부러라도 무료한 시간을 마련해 주자는 게 내 취지이다. 심심하면 생각하고 상상하고 거기서부터 창의성이 시작되지 않을까 하는 깊은 의미보단 또 창의성을 겨냥한 나의 흑심이 뻔히 보이지만 말이다. 원 플러스 원! 아닌가?

물론 스스로 생각하고 주도하는 과정에서 아이의 주체성이 자라지 않을까 하는 바람도 함께 말이다.

아이가 초등학생이 되면 엄마 주도 놀이에서 아이 주도 놀이로 넘어가야 할 시기이다.

이제는 아이의 심심하다는 말이 덜 부담스럽다. 깜깜한 밤 눈 벌겋게 해서 놀이 아이템을 검색하고 쇼핑하지 않아도 된다. 뒷정리까지도 시키면 제법 한다.

단지 꼭 기억해야 할 것 하나는
영혼이 들어간 리액션은 필수이다.

잠. 잠? 잠!

"띤띠띠리리 띤띠띠 띤띠띠리리 띤띠띠"

365일 저녁 8시 40분이 되면 울리는 우리 집 알람이다. 주말이며 빨간 날이며 할 것 없이 늘 한결같이 울리는 알람소리! 알람소리가 우리 집에 울려 퍼지면 아이들이 분주해진다.

"으악……. 벌써 책 읽고 잘 시간이다!" 외치며 하루 종일 치우지 않았던 장난감을 그제야 각자 자기 방으로 쑤셔 넣는다.

"자. 엄마 책읽어 주기 시작한다!"

부랴부랴 각자 책 몇 권을 들고 내 양옆 이불 속으로 쏙 들어온다.

9시 정도까지 책을 읽고 전체 소등!

쫑알거리다가 금세 잠이 든다. 버릇이 되어서인지 주말이나 여행을 가더라도 잠을 이기지 못하는 경우가 다반사이다.

"이놈의 잠 때문에 어찌 할꼬. 잠 때문에 난중에 일은 어찌 하겠노."

아이가 초등입학을 하고 폭풍성장을 하는 요즘
부쩍 두세 살 귀여웠던 아기일 적 모습이 생각난다.
그 시절 아이 모습이 그리워 한번쯤은
그때로 돌아가고 싶다 생각을 하기도 했다.
그러다 그 시절의 부족했던 잠이 떠오르는 순간
단번에 머리를 헤드뱅을 하며
아니야! 아니야! 취소! 하며 생각을 고쳐 먹는다.

아침마다 나를 깨워주며 듣던 엄마의 잔소리.

'잠' 하면 빠질 수 없는 게 나다. 먹는 거냐 자는 거냐 택하라면 1초의 망설임도 없이 잠을 선택한다. 식탐보다 잠탐이 훨씬 많았다. 매일 오늘 몇 시간 잘 수 있는지를 계산하며 잠에 집착하기도 했었다. 첫 책에도 스토리가 담겨 있지만 오죽하면 수능시험시간에도 잠을 잤으랴. 사회생활을 할 적 따돌림을 당하고 혼자 맘 앓이 할 때도 잠을 잤다. 잠을 자고 나면 기분이 좀 나은 듯했다.

이런 저런 일, 이유가 없어도 잠을 잤다. 일찍 자고 늦게 일어나는 걸 가장 좋아했다.

21개월 터울의 두 아이를 낳고 육아를 하며 가장 견디기 힘든 것도 부족한 잠이었다.

아이가 초등입학을 하고 폭풍성장을 하는 요즘 부쩍 두세 살 귀여웠던 아기일 적 모습이 생각난다. 그 시절 아이 모습이 그리워 한번쯤은 그때로 돌아가고 싶다 생각을 하기도 했다.

그러다 그 시절의 부족했던 잠이 떠오르는 순간 단번에 머리를 헤드뱅을 하며 '아니야! 아니야! 취소!' 하며 생각을 고쳐 먹는다.

내가 잠을 사랑해서일까?

무엇보다 아이들의 잠에 신경을 쓰는 편이다. 잠이 부족하면 일어나는 부작용들을 누구보다 잘 알고 있다. 물론 성장발달에도 문제가 되겠지만 그보다 더 중요하게 생각하는 것이 있다. 바로 성격이다.

'잠이 부족하면 내 속의 단점들이 나를 지배하게 된다. 잠이 부족해 피곤한 하루를 시작하면 아침에 입맛도 없다. 학교에 가도 잠 오고 집중이 안 된다. 심지어 저장된 탄수화물이 없으니 머리가 돌아가지 않는다. 집에 와서도 피곤하고 자꾸 짜증이 난다. 엄마한테 한소리 들으니 더 화가 난다. 아무것도 하기 싫다. 말도 예쁘게 나오질 않는다. 내가 좋은 아이가 아니라는 생각이 든다.'

물론 이렇게까지 이어지는 경우는 드물겠지만 그 드문 경험조차도 주고 싶지 않은 것이 엄마의 마음이다.

아이들이 영아기일 때도 칭얼거리거나 울면 대부분 잠, 기저귀, 배고픔 중 하나였다. 아이들이 대여섯 살 되면 놀고 싶어서 잠을 이기고 싶어 하지만 그 피해는 다음날 고스란히 남는다.

아이들의 건강을 챙기고 싶다면 잠을 빼서는 안 된다고 생각한다. 사실 요즘 먹을거리는 풍족하다. 놀거리도 풍족해 잠이 달아날 지경이다. 잠을 충분히 자야 배웠던 내용들을 아이들의 머릿속에 저장할 수 있다.

아무리 많은 책을 읽고 공부를 한다한들 잠이 부족하면 아이들의 머릿속에 남은 것이 별로 없다. 잠을 자면서 몸뿐만 아니라 아이들의 생각주머니도 함께 자란다.

잠을 충분히 자야 하루를 기분 좋게 시작할 수 있다. 기분 좋은 아침의 시작은 하루 전체의 길잡이가 될 수 있다.

좋은 생각 긍정적인 마음을 가지고 칭찬을 받기도, 자존감이 자라기도 한다. 잠을 사랑하는 일인으로서 잠의 긍정성은 수백 가지라도 더 이야기 할 수 있다.

충분한 잠이 자존감으로까지 연결되는 것은 물론 나만의 주장이다. 어쨌든 나는 믿는다.

초등학교 저학년의 건강 생활에 빠질 수 없는 것은 충분한 잠이라고 말이다.

그리고 아이들이 자야 나도 잘 수 있다.

살림 분담할 때 되었잖아?

첫째가 여섯 살 때 아이 친구가 우리 집에 놀러 온 적이 있다.

"이모, 물 마시고 싶어요. 물 주세요!"

말을 시작하려는데 아이가 내 말을 가로채며 큰소리로 이야기한다.

"야, 우리 집은 물이 셀프야. 네가 스스로 먹어야 해. 저기 정수기랑 컵 보이지?"

아이가 친구에게 가르치듯 이야기 했다. 친구 아이의 엄마가 부자연스러운 웃음을 지으며 아이와 나를 번갈아 보았다. 손님 대접을 제대로 못한 것 같아 미안한 마음도 들었지만 어찌하랴 우리 집 스타일인 것을.

놀고 있는 아이의 방에 가보니 서랍이란 서랍은 다 엎어져 있고 바닥엔 개미가 지나갈 틈도 보이지 않았다. 내 눈치를 살피던 아이 친구 엄마가 말한다.

"애들아 정리 해가면서 놀아야지."

"괜찮아요. 애들아 실컷 놀아. 일단은 맘껏 놀아. 대신 다 놀고 집에 가기 전에 원래대로 해 놓고 가면 돼."

아이의 친구 엄마가 안심하는 듯하다 뒷말에 흠칫해서 나를 보는 시선이 느껴진다.

정리 정돈은 어릴 때부터 습관화되어야 한다. 예비 초등 책에서도 빠지지 않고 등장하는 것이 정리 정돈에 관한 이야기이다. 정리 정돈을 안 하던 아이가 갑자기 초등학교 생활을 위해 시킨다면 습관이 될까?

내가 생각하는 정리 정돈은 책임감을 가지는 것이다. 책임감이 있어야 정리 정돈도 습관화될 수 있다고 생각한다. 학교도 사회생활이지만 가정 역시도 엄연한 사회생활 시작의 공간이다.

집은 혼자가 아니라 가족 구성원 모두가 편안하게 쉴 수 있는 공간이 되어야 한다. 물론 아이가 어릴 때는 보살핌과 정리가 당연한 부모의 역할이다.

하지만 다섯 살부터는 조금씩 역할을 분담할 수 있다고 생각한다. 우리 집에서 가장 먼저 시작한 살림 분담은 먹은 그릇 싱크대에 가져다 놓기이다. 자신의 수저도 스스로 챙기기. 키가 자라 개수대에 손이 닿기 시작하면 먹은 그릇을 물에 한 번 헹구고 정리하도록 한다. 정수기에 온수 장금 장치를 꼭 해 두고 정수기 옆에 여분의 컵들을 두고 목이 마르면 스스로 물을 받아먹을 수 있도록 해 놓았다.

유치원 하교 후 집에 오자마자 벽에 있는 고리에 자신의 가방을 건다. 각자 걸 수 있는 높이에 후크를 붙이며 말해 주었다. 당연히 설거지해야 할 수저통은 가방 정리 후 개수대에 스스로 넣는다.

아이가 커서 할 수 있는 일이 많아질수록 아이에게 당당하게 부탁이 아닌 요구를 했다.

이불 개기, 식탁 닦기, 신발 정리는 물론 실내화 빨기, 본인 물건은 당연히 스스로 정리하기이다. 그 중 몇 가지는 할 때마다 백 원씩 적립하여 본인의 용돈을 스스로 마련하기도 한다.

할 수 있는 일이 늘어날수록 스스로 하도록 내버려 두는 편이다. 물론 처음엔 마음에 들지 않고 입을 대고 싶은 유혹을 불끈 솟아오른다. 하지만 인내심을 갖고 몇 번 더 알려주고 조금 참으면 아이의 실력이 일취월장하는 것을 눈으로 볼 수 있다. 나의 달콤한 휴식시간도 함께 말이다. 아이에게 당당하게 요구하지만 말투는 부드럽게 하고 꼭 인사를 덧붙인다.

"덕분에 깨끗한 딸기를 먹을 수 있네. 고마워."

"덕분에 엄마가 훨씬 수월해졌네. 고마워."

"덕분에 우리 가족 기분이 좋아졌네. 고마워."

하고 감사의 인사는 빼먹지 않고 한다.

내가 생각하는 정리 정돈은 할 수 있는 일에 대한 책임감, 그리고 주위 사람들을 위한 배려라고 생각한다. 학교에 입학하기 때문에 정리 정돈을 생활화하는 게 아니라 아이의 전체 삶을 위해서라도 입학 전 살림 분담을 시작 해보길 권한다.

'엄마표 영어' 말고 '엄마품 추억 영어'

'엄마표 영어'라는 말이 이젠 엄마에겐 필수조건으로 생각되는 시대이다. 말이 엄마표이지 학원보다 더 체계적이고 세심한 프로그램으로 아이들의 영어를 교육시키는 엄마들이 많다.

첫 번째 책인《영어 그림책, 하브루타가 말을 걸다》를 출간하고 엄마표 영어 강의에 대한 문의가 많이 들어왔었다. 늘 솔직했지만 더 솔직히 말하자면 아이의 영어 능력을 키워 줄 수 있는 효과적인 방법을 소개하고 알려줄 수 있다. 어떤 일이든 성공의 공식이 있듯 엄마표 영어에도 아이의 영어 능력을 키워 줄 수 있는 나름의 성공 공식은 존재한다.

그런데 내가 생각하는 엄마표 영어의 정의는 영어를 잘하는 아이로 만드는 게 목표가 아니다.

자다가 남의 다리 긁는 소리처럼 들리겠지만 내 진심이다. 영어교사 시절 영어를 좋아하는 수많은 아이들을 보았다. 물론 영어를 싫어하는 수많은 아이들도 보았다. 그래서 내린 나의 결론은 엄마가 할 수 있는 것만 하자는 것이다. 더불어 엄마만 할 수 있는 것도 함께 말이다. 내가 생각하는 엄마표 영어의 목적은 아이에게 영어에 대한 긍정적인 이미지를 심어주고 계속해서 유지해 나가게 만드는 것이다.

대부분 첫 경험에 대한 이미지는 오래 기억되는 경우가 많다.

첫사랑, 첫 사회생활, 첫 아이, 처음 하는 육아 등. 좋은 기억으로 시작되어 오랫동안 유지되는 경우도 있고 좋지 않은 경험으로 시작되어 다시는 생각하기 싫은 경험이 있기도 하다.

엄마는 아이에게 처음으로 영어를 접하게 해주는 어쩌면 생애 첫 영어 선생님이다.

엄마와 함께한 영어가 좋았다면 아이는 계속 잘 하고 싶은 마음이 생길 것이다. 물론 분명 처음엔 그렇게 시작했는데 엄마의 욕심이 과하게 들어가면서 실패하는 경우도 있다.

또는 엄마 덕분이 아니라 아이 스스로 영어에 흥미를 보이기도 한다. 한국말도 어설픈 서너 살 적 영어 노래를 흥얼거리고 영어로 'apple'이라고 외치는 순간, 엄마는 영어책은 뭘 사서 들여야 하나, 무슨 영어 교구를 사야 하나 등 생각의 꼬리를 물다 어느새 주위 유명한 영어 유치원을 조사하고 있다.

영어 동기의 뿌리를 단단히 박는 일은 그 어떤 훌륭한 선생님도 해주기 어렵다. 바로 엄마표 영어에서 가장 중요한 엄마의 역할은 아이들의 마음속에 긍정적 영어의 뿌리를 단단히 내리는 것이다.

그래서 나는 말한다. 엄마표 영어보단 엄마품 영어로 하는 건 어떨까?

엄마의 포근한 품에서 시작하는 아이의 첫 영어 경험은 엄마만이 해줄 수 있다. 엄마에게만 있는 강력한 무기인 엄마의 품에서 영어를 즐겨 보게 하는 건 어떨까 하는 생각이 든다.

그렇다면 아이가 마냥 영어를 좋아하기만 하고 실력이 늘지 않는다면 어떻게 하나요? 하는 의문이 생길 것이다.

엄마품 영어도 나이별 수준별 방법이 달라져야 한다.

아이가 초등 전에는 엄마 품에서 읽는 영어 그림책이나 좋아하는 DVD 노출로 영어를 꾸준히 접하게 해준다.

문제는 초등부터이다.

나는 아이와 영어를 왜 해야 하는지에 대한 이야기를 많이 나누는 편이다. 물론 영어 그림책을 보고 이야기를 나누기도 하지만 영어를 하면 뭐가 좋은지 왜 영어가 필요한지에 대한 본질적인 이야기를 많이 하려고 한다. 몇 번 이야기하고 끝나는 것이 아니라 아이가 크면서 꾸준히 대화를 나누려 한다. 대화 속에서 아이의 새로운 동기가 생기기도 변화하기도 할 것이다. 나는 그저 아이에게 묻고 아이의 대답을 들어주고 기다리고 믿어 준다.

그리고 영어실력 향상에 맞춰 실질적인 방법을 소개해보자면, 내가 생각하는 효과적인 초등 엄마품 영어의 방법은 3가지이다.

첫 번째, 한글 책을 무조건 많이 읽어야 한다.

영어 이야기에서 뭔 뚱딴지같은 소리냐고 하겠지만 한글 책이 절대적으로 중요하다. 아이가 원서로 《해리포터》와 같은 수준의 책까지 읽게 하고 싶다면 더더욱이다. 영어는 모국어가 아니기에 영어로 아이의 어휘와 사고력을 확장시키기 어렵다. 충분한 한글 책으로 어휘력과 사고력이 확장된 아이는 좀 늦게 시작해도 영어 실력이 금방 늘 수 있다. 10살 이후에 영어를 시작했지만 실력이 좋은 아이들의 한 가지 공통점은 바로 한글 책읽기에 푹 빠져 있었던 것이었다. 아이가 수준이 높은 한글 책을 즐기고 읽을 수 있다면 영어 실력을 키워 수준 높은 영어책 읽기도 충분히 가능하다.

초등학교 저학년 내가 아이 영어를 위해 가장 노력하는 것은 한글 책을 많이 보게 하는 것이다.

두 번째, 꾸준한 노출이다. 무슨 일이든 꾸준함이 비범함을 만든다. 많은 시간이 아니라도 꾸준히 읽는 책과 수준에 맞는 영상 노출은 영어 실력을 키우는 유일한 방법이다. 일주일에 한두 번 영어학원에 가서 문제집을 풀고 공부하는 것으로 영어 공부를 다 한다고 생각한다면 아이의 영어 실력이 어느 수준까지에서만 머무르게 되기 쉽다.

현재 내가 하고 있는 방법은 영어 그림책 하브루타와 리딩북(얼리챕터북) 그리고 영상 노출이다.

먼저 엄마품 영어그림책 하브루타를 통해 영어에 대한 긍정적인 뿌리를 다진다.

다음으로 영어를 읽을 수 있도록 도와주는 리딩북을 통해 읽기 연습을 조금씩 시작한다. 많은 양이 아닌 하루에 한두 권 정도로 이어나가고 있다.

마지막으로 매일 꾸준히 보는 영상 노출이 있다. 한때 영어 노출을 위해 DVD도 엄청 사 모았었다. 요즘은 넷플릭스, 유튜브 그리고 디즈니 OTT서비스를 애용한다. DVD를 일일이 구입하는 것보다 저렴하며 콘텐츠 또한 아이의 취향별로 다양하다. 유튜브와 OTT서비스의 단점이 있다면 계속 보고 싶어 한다는 점이다. 미디어를 보기 전 항상 아이들과 시간 약속을 하는 것이 필수이다.

세 번째, 실용문제집 한 권이다.

우리 집 아이 둘 다 일곱 살이 지나고도 ABC도 몰랐다. 파닉스 공부를 따로 하지도 않았다. 일부러 가르치지도 않았을뿐더러 스스로 익혀 주지도 않았다. 파닉스는 아이가 듣기의 인풋이 어느 정도 된 상태에서 조금씩 영어를 더듬더듬 읽기 시작할 때 하는 것이 최고라고 생각한다. 읽기를 시작하는 단계에서 익숙했던 발음들을 스스로 확립시키기에 딱 적당한 시기이기 때문이다. 첫째 아이도 2학년이 다 되어갈 무렵 첫소리를 스스로 어렴풋이 내기에 파닉스 문제집 두 권을 사서 한 게 다이다. 감으로 익힌 발음과 파닉스의 규칙을 함께하니 아이는 빨리 그리고 재미있게 문제집을 풀어나갈 수 있었다.

처음 문제집을 고를 땐 꼭 아이와 함께 서점에 가서 보고 사길 권

한다. 다른 문제집들도 마찬가지이지만 특히 영어 문제집은 더더욱 그래야 한다. 영어 교사였답시고 아이의 문제집을 혼자 결정해서 주문을 했다. 아이의 반응은 차가웠다. 결국은 다시 아이와 함께 서점에 가서 아이가 고른 문제집으로 꾸준히 해 나가고 있다.

파닉스나 리딩문제집 수준이 출판사별로 비슷하게 레벨이 나누어져 있고 내용들도 크게 다르지 않다. 하지만 글씨체 하나, 캐릭터 색감 하나하나에도 아이의 취향이 있다. 아이의 취향에 맞아야 재미있게 오래 갈 수 있다.

일부 엄마들 중에선 '내가 영어 선생님도 아닌데 문제집을 어떻게 가르치나?' 할 수도 있다. 사실 우리 아이도 내가 문제집으로 가르치지 않는다. 대부분 스스로 한다. 내가 하는 일은 다하고 체크 해주는 정도? 영어를 잘해서가 절대 아니다.

대부분의 문제집이 아이 스스로 할 수 있도록 되어 있다. 문제마다 QR코드가 있어서 엄마의 발음 및 영어 실력 문제는 걱정하지 않아도 된다.

문제집 풀이에서 엄마의 역할은 칭찬과 격려이다. 더도 덜도 말고 그것까지면 충분하다.

공교육의 영어 시작이 3학년 때이지만 아이가 1학년 때 가장 염려가 되는 부분이 바로 영어가 아닐까 싶다. 하긴 해야 할 것 같은데 어떻게 해야 할지 난감하다. 영어 학원까지 보내면 책 읽을 시간이 더 없어질 것 같은데 걱정이 앞선다. 어릴 땐 유치원에서라도 수업을 했

엄마품 영어도 나이별 수준별 방법이 달라져야 한다.
아이가 초등 전에는 엄마 품에서 읽는
영어 그림책이나 좋아하는 DVD 노출로
영어를 꾸준히 접하게 해준다.

문제집 풀이에서 엄마의 역할은 칭찬과 격려이다.
더도 덜도 말고 그것까지면 충분하다.

고, 그림책이나 DVD로 노출을 시켜 준다고는 하지만 초등을 입학하면 과연 그것만으로 될까 하며 막막하게 느껴진다. 백 번 이해가 되고 공감이 된다.

조급한 마음이 들수록 단순하게 생각했으면 좋겠다. 아이가 영어를 좋아한다면, "아이고 감사해라. 내가 별로 해준 것도 없는데 좋아해서 다행이다."라는 마음으로 꾸준히 노출을 시켜 주고 아이와 함께 읽기를 시작하면 된다. 물론 한글 책도 빠질 수 없다.

만약에 아이가 영어를 싫어하고 거부한다면 지금도 늦지 않았다. 지금 시작해도 충분히 멀리 갈 수 있다. 빨리 시작한다고 멀리 가는 것이 아니라 빨리 가면 자칫 빨리 지칠 수 있다. 그러니 지금이 딱 시작하기 좋은 시기라 시작하고 아이에게 영어 실력부터 키울 생각을 버리고 영어를 좋아하게 만들 생각에 집중하면 좋겠다.

멀리 그리고 높게 가는 사람은 언제 시작했느냐가 중요하지 않다.

긍정적인 마음으로 얼마나 꾸준히 하고 있느냐가 가장 중요한 열쇠이다.

아이와 영어 그림책을 통해 대화를 나누며, 믿고 기다려 준 시간들이 후에 아이의 기억 속에 소중한 추억으로 자리 잡혀 아이의 인생에 힘이 된다면, 성공한 엄마품 추억 영어가 아닐까?

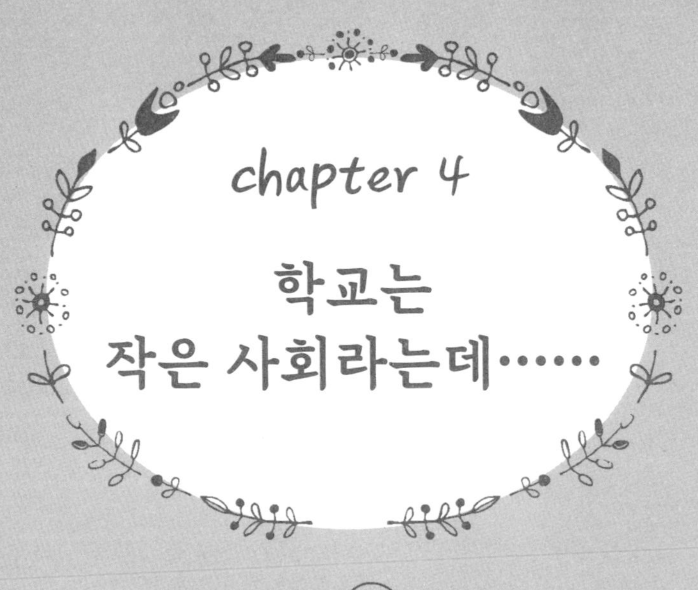

chapter 4

학교는 작은 사회라는데……

초등 1학년 생일파티는 두 번째 돌잔치라고?

코로나가 원수같이 밉지만 그래도 코로나 덕분에 다행인 것도 있다.

아이 초등입학 전 지인들에게 들은 초등 1학년 생일파티는 그야말로 상상 그 이상이었다.

수영장을 통째로 빌려서 생일파티를 하기도 하고 카페를 빌려 마술사와 전문 MC까지 불러 진행을 하기도 하고, 심지어 호텔을 빌려 생일파티를 한다는 이야기를 들었다.

물론 일부의 이야기겠지만 내 주위에서도 볼 수 없는 일은 아니었다. 그러니 초등 1학년 생일파티가 두 번째 돌잔치라고 하는구나 짐작했다.

나는 결혼식보다 더 힘든 게 아이의 돌잔치였다. 어찌나 챙기고 준비해야 할 게 많았던지 지금 생각해도 머리가 어질하다.

근데 그 힘든 일을 다시 해야 한다고? 그것도 큰 비용을 들여서?

닥치지도 않은 일은 닥쳐서 생각하면 되지 하고 기다리던 차에 코로나가 터졌고 생일파티의 걱정은 깨끗하게 사라지고 있었다. 물론 소소하게 친구들을 모아 생일파티를 하는 경우도 있었지만 내가 해야 한다고 생각하니 그것조차 부담스럽게 느껴졌다.

한 번은 아이가 친구의 생일파티에 초대받고 아이는 물론 나도 신나게 즐기고 돌아오던 길이었다. 아니나 다를까.

"엄마, 나도 내 생일에 친구들 초대해서 생일파티 하고 싶어요."

올 것이 왔구나. 마침 또 아이의 생일이 얼마 남지 않았던 시기였다.

"그렇지? 엄마도 보니까 생일 파티도 하고 싶더라."

"나도 친구들 우리 집으로 초대해서 생일파티 하면 안 돼요?"

순간 상상했다.

'아이들 5명만 불러도 엄마들까지 10명. 음식은 시킨다 해도 집 정리며 생일상 세팅은 어떡하지. 거기에 뒷정리는 누구의 몫인가.'

'둘째는 또 잠자코 보기만 할 것인가.'

'1학년 때부터 시작이라면 매년 해줘야 하는 것인가.'

물론 일 년에 한 번밖에 없는 아이의 생일을 아이가 원하는 대로 뜻깊게 보내는 것도 좋은 추억이 될 것이다. 하지만 나같이 살림만 하면 답답해지는 살림답답증이 있는 엄마에겐 너무 큰일처럼 느껴졌다.

"우리 가족끼리 생일파티하면 안 될까? 코로나도 그렇고……. 많은 사람이 모이기가……. 네가 좋아하는 식당에 가서 하자!"

"힝. 생일파티 하고 싶은데……."

"네 생일에 누가 널 낳았니?"

엄마들과의 관계가 없이

오롯이 결이 맞아 사귀는 친구는 적어도 10살 이후가 아닐까 싶다.

그때 친구들과 또래들끼리만

즐길 수 있는 기회를 마련해주는 게

더 뜻깊을 것 같은 생각이 들었다.

듣기 싫은 아이의 볼멘 콧소리에 나도 유치뽕뽕으로 대변하고 있었다.

"엄마가요."

"그럼 엄마가 제일 고생했는데, 생일날마다 엄마가 또 고생해야겠니?"

다시 생각해도 부끄럽고 유치하다 정말.

"힝……."

"대신 좀 크면 네 친한 친구들 5명 정도 우리 집에 불러서 파티 해 줄게."

"진짜요? 몇 살 때요?"

"10살?"

"네. 알겠어요."

오케이 딜! 고맙게도 아이가 양보해 주었고 코로나 덕분에 정상참작이 되었다.

무작정 시기를 늦춘 게 아니라 10살이라고 말한 이유도 있었다.

초등 1학년 친구 중 처음 사귄 친구도 있고 전부터 알던 친구도 있을 터이지만 어쨌든 아이가 커서 생각나는 친구가 몇 명이나 될까?

엄마들과의 관계가 없이 오롯이 결이 맞아 사귀는 친구는 적어도 10살 이후가 아닐까 싶다.

그때 친구들과 또래들끼리만 즐길 수 있는 기회를 마련해주는 게 더 뜻깊을 것 같은 생각이 들었다. 물론 그 시기엔 아이들만 부를 수 있다는 큰 장점과 함께 말이다.

아이에겐 비밀이지만 아마 나는 코로나가 없었더라도 생일파티는 하지 않았을 엄마이다.

아이의 인맥 관리 이렇게 준비하자

첫째가 어린이집에 다닐 적 선생님이 지어 주신 별명이 있다. '까칠 공주' '까칠'만 붙이기엔 미안하셨는지 공주도 함께 붙여 주셨다. 어느 날 선생님이 물어보셨다.

"혹시 아침마다 어린이집에 오기 싫어 하나요?"

적응하는데 시간이 걸리긴 했지만 그 후론 아침마다 기분 좋게 등원을 했다. 당연히 어린이집에서도 잘 지내리라 믿었다.

"아니요. 기분 좋게 가는데요."

"아, 아침마다 기분이 안 좋아 보여서……."

이유인즉, 아침에 등원해서 친구들이 반가운 마음에 다가가며 "안녕!"하고 인사를 하면 아이는 다짜고짜 친구에게 "저리 가!"라고 말하고는 등원 후 얼마간은 주로 혼자 놀았다고 했다. 선생님이 걱정이 돼서 살펴보면 또 어느새 친구들과 잘 놀고 있다고 하셨다.

생각해보니 아이는 다른 곳에서도 그랬다. 서너 살 때까지는 키즈카페에 가도 내 옆을 떠나지 않을 때가 많았다. 새로운 환경에서의 아이는 적응하는 데 시간이 걸렸다.

조금은 예민한 아이를 키우면서 걱정도 많이 했고 속이 부글부글 거릴 때도 많았다. 아이가 예민할수록 책에 매달렸다. 초반에는 오히려 육아서를 읽으면서 어려운 숙제를 껴안은 것 같았다. 출구를 찾으려고 본 책에는 어디로 가야 할지 모르는, 길은 안 보이고 수많은 출구들만 있어 혼란스럽기도 했다. 때로는 알고도 죄를 짓는 것 같은 죄책감을 느끼기도 했다. 역시 난 좋은 엄마가 아니라며 자책을 하기도 했다.

끝이 보지지 않을 것 같은 어둠을 빠져나와 다시 잡은 책은 그전과 달랐다. 책 속의 지식을 나의 지혜로 만들 수 있을 것 같았다.

어느 책에선가 예민한 아이를 잘 키우면 남이 보지 못하는 것까지 살필 수 있는 아이로 자랄 수 있다는 문구를 보고 위로의 눈물을 흘렸다. 예전 같았으면 "그러니까 어떻게요? 자세한 방법을 알려 달라구요" 하고 호소하는 마음이 더 컸었다. 하지만 나를 찾고 다시 본 책에는 작가가 무엇을 말하려는지 조금씩 이해가 되기 시작했다.

아이의 사회성도 마찬가지였다. 내 마음이 불안했기에 아이가 더 부족하게 보였다. 내가 아이를 믿지 못하니 아이의 행동과 말에 노심초사하며 살얼음을 걷기도 했다.

아이는 늘 생각하는 것보다 빨리 자라고 변화했다. 지금 보이는 아이의 걱정스러운 부분들이 어느새 기억 속에 사라지고 또 다른 걱정들이 들어와 있을 때도 많았다.

지금의 모습이 다가 아닌 멀리 그리고 길게 보기로 마음을 먹으니 걱정이 작아지고 아이를 믿고 싶은 마음이 커졌다.

친구에 대해 이야기 할 때는 친구에게 예의는 꼭 지키되 "사이좋게 지내라.", "싸우지 마라."라는 상투적인 말들은 하지 않았다. 모든 친구와 친할 필요도, 언제까지나 함께 가는 친구를 만들기를 권하지도 않았다. 그저 자신과 결이 맞는 친구와 서로 배려하고 함께 성장해나가길 바랐다. 그리고 그런 친구를 찾아내는 안목도 키워지길 원했다.

얼마 전 아이와 친구에 대한 책을 보다 갑자기 궁금해서 물었다.

"너는 친구에 대해 어떻게 생각해? 친구는 꼭 필요할까?"

"음. 있으면 좋고, 없어도 괜찮아요."

"아. 그래? 왜 그렇게 생각해?"

"함께 있으면 신나게 놀 수 있어서 좋고, 없으면 혼자 노는 것도 재미있으니까 괜찮아요."

좋은 친구를 만나라는 말과 너도 다른 친구에게 좋은 친구가 되라고 말하기 전에 본인 스스로에게 가장 좋은 친구가 되어야 하지 않을까?

친구의 위로가 필요하다고 느끼기 전에 먼저 자신에게 괜찮다고 스스로를 다독여 주는 게 더 힘이 되지 않을까?

친구에게 인정받고 싶기 전에 먼저 스스로를 자랑스러워하는 게 먼저 되어야 하지 않을까?

물론 아이가 자라면서 친구에 대한 의미나 비중이 달라질 수 있다고 생각한다. 그래도 언제나 본인 스스로가 가장 친한 친구였으면 어떨까 하는 생각이 든다.

사실 나도 친구가 많이 있는 편은 아니다.

굳이 친구 관계를 유지하려 많은 에너지를 쓰고 있지도 않다. 한때는 관계를 유지하려 힘겹게 노력하기도 했다. 살아보니 진정한 친구는 억지로 하는 노력으로 얻어지는 것이 아니라는 것을 알았다. 일방적인 애씀이 아닌 너도 나도 함께 기분 좋은 배려가 필요하다.

무엇보다 내 스스로가 괜찮은 사람이라야 좋은 친구도 만들 수 있다 생각한다. 그 시작은 스스로가 괜찮은 사람이 되려 노력하고 나를 인정해 나가는 모습이다.

아이들에게 좋은 친구를 사귀라 말하기 전
아이 스스로에게 먼저 좋은 자신이 되어 보는 건
어떨까에 좀 더 신경을 썼으면 좋겠다.

담임선생님, 잘 부탁드립니다

아이가 일곱 살 때였다.

일이 있어 유치원으로 아이를 데리러 갔다가 담임선생님을 만났다. 요즘 아이의 유치원 생활에 대해 말해 주시면서 이것저것 신경 써 주셨다. 선생님의 애씀에 감사함을 느끼며 선생님께 말씀드렸다.

"선생님 감사해요. 참 힘드시죠?"

나도 한때 비슷한 입장에서 경험을 해봐서일까 선생님의 애쓰심이 짠하게 다가왔다.

"아……. 어머님. 감사……."

선생님 눈에 눈물이 고였다. 본인의 갑작스런 눈물에 당황하셨는지 눈물을 훔치시며 괜찮다고 하셨다. 사소한 내 한 마디에 무너질 정도였으면 얼마나 꾹꾹 참으시며 힘드셨을까 생각하니 마음이 아렸다.

나도 선생님이었고 지금도 일을 하고 있지만 선생님이라는 직업은 끊임없이 도를 닦아야 하는 힘든 일 중 하나이다. 선생님의 권위가 예전같이 않은 요즘은 더욱이 힘든 직업 중 하나인 거 같다.

지인에게 요즘 학교 선생님들이 정신과 상담을 많이 다니신다는 얘기를 들었다. 남의 이야기 같지 않았다. 아마 쉬지 않고 일했더라면 나도 그럴 수 있겠다는 생각도 들었다.

선생님이라는 일이 사명감이 없으면 하기 힘든 일이다. 그런데 요즘은 사명감이 있으면 일을 하기 더 어려운 것 같다. 본인이 생각하는 교육철학의 색깔을 함부로 내비추었다간 오해받기 십상이다. 점점 자신의 소신에 자신감을 잃어 가고 무난하게 묻어가게 되기도 한다.

좋은 선생님을 만나는 것도 그 아이의 복이라고 한다. 그 복, 내 아이도 받을 순 없을까?

그래서 하는 나만의 노력이 있다.

먼저, 아이 앞에서 선생님의 험담을 절대 하지 않는다. 아이가 혹여라도 선생님에 대한 불만을 이야기하면 아이의 마음은 이해를 해주되 선생님의 입장은 어떨지 생각해보게 한다. 얼마 전 다른 학교에 다니는 친구에게 전화를 받았다.

"우리 애 선생님 좀 이상한 거 같아. 근데 이건 좀 아니지 않아? 다른 반 선생님은 이렇게 한다는데 우리 반 선생님은 이런 것도 안 해."

오죽 답답했으면 이야기했겠냐만은 나는 다짜고짜 물었다.

"지금 네 아들 뭐하니?"

"옆에서 놀고 있어."

"일단 끊자."

좋은 선생님을 만나는 것도
그 아이의 복이라고 한다.
그 복, 내 아이도 받을 순 없을까?
그래서 하는 나만의 노력이 있다.
먼저, 아이 앞에서 선생님의 험담을 절대 하지 않는다.

나는 아이에게 가장 많이 표현한다.
"이야, 좋은 선생님 만나서 좋겠다! 진짜 부럽네.
엄마도 그런 선생님 만났더라면 더 잘했을 텐데."

아이가 다 듣는데 선생님에 대한 불만에 비교까지. 아이가 선생님에 대해 어떻게 생각할지 걱정이 앞섰다. 부정의 씨앗이 화를 부르기도 한다.

나 또한 이해가 안 되거나 속상할 때도 있었다. 오해의 소지가 있으면 선생님께 직접적으로 여쭤본다. 오해가 풀린 적도 있었고 이해가 되지 않는 일도 있었지만 아이 앞에서는 절대 티를 내지 않는다.

아이 앞에서 선생님 험담을 하면 할수록 좋은 선생님 복이 달아나리라 생각하면 조심하게 된다.

그럼 정말 운이 좋게 우리 아이가 좋은 선생님을 만났다면 어떻게 표현하면 좋을까?

나는 아이에게 가장 많이 표현한다.

"이야! 좋은 선생님 만나서 좋겠다! 진짜 부럽네. 엄마도 그런 선생님 만났더라면 더 잘했을 텐데."

다른 반 혹은 학원 선생님과의 비교는 절대 금물이지만 부모의 과거 선생님이랑 비교는 괜찮다고 생각한다. 없는 일을 만들어 내지도 또 있던 일을 부풀려 이야기하지 않는 선에서 말이다. 내가 만났던 평균의 선생님을 떠올려 보며 아이와 이야기를 나눌 수 있으면 된다.

아이는 때때로 부모의 과거에서 위로를 받곤 한다.

'엄마도 아빠도 이랬었구나. 나와 비슷했구나. 혹은 나보다 못했구나.'

아이들에게 내 어릴 적 이야기를 많이 해주는 편이다. 아이와 대화를 나누다 보면 내가 이야기에 빠져 그 시절을 떠올리기도 한다. 그러다 아이의 입장에서 이해가 되는 쾌거가 생기는 일도 종종 있다. 아이 또한 부모의 어린 시절의 이야기를 들으며 부모에 대한 신뢰와 동질감이 생기기도 한다.

다만, 여기서 주의해야 할 점이 있다. 자칫 이야기를 하다 "라테는~"으로 나가면 곤란하다. 그건 또 다른 잔소리의 시작이며 꼰대 엄마의 지름길이기 때문이다.

아이가 성장하면서 많은 선생님을 만나게 될 것이다. 학교 선생님부터 사회 선생님까지 아마 평생을 만나게 될 것이다. 좋은 선생님 그렇지 않은 선생님의 조건은 내 아이의 운일 수도 있겠지만 그 운을 당기게 해주는 건 부모가 될 수도 있다.

엄마의 정보력과 어려운 학부모와의 관계

할아버지의 재력, 아빠의 무관심, 엄마의 정보력

첫 번째, 훌륭하고 감사한 부모님을 둔 것만으로도 바랄 게 없다.

두 번째, 무심한 듯한데 신경은 쓰고 있는 거 같다. 그건 어찌 표현해야 할지 딱히 모르겠다.

세 번째, 엄마의 정보력은 가장 해당 사항이 안 된다. 엄마의 정보력이라도 키워야 되는 거 아니야? 하겠지만 그러기엔 내 일이 더 바쁘다.

나도 한때는 그 정보력 혹은 소속감 때문에 학부모끼리 어울려 다니며 많은 시간을 보내기도 했다. 물론 유익한 정보도 많았고, 재미도 있었다.

그런데 집에 돌아오면 감출 수 없는 허전함은 이유를 알 수 없었다. 허전함만 있는 날엔 그나마 다행이다. 다른 집의 이야기를 듣고 조바심이 나는 날엔 아이에게 그 피해가 고스란히 갔다. 역시나 뒤돌아서 후회하지만 때는 이미 늦었다.

학부모를 통해 얻는 좋은 정보, 물론 필요하긴 하지만 필터링이 없이 받아들이는 정보는 아이에게는 물론 나까지 위험할 수 있다. 내가 교육에 대한 가치관이 없는 상황에서 정보만 찾다가는 아이도 나도 금방 지치기 쉽다. 정보를 위해 쫓아 다니기보단 먼저 엄마인 나의 교육 가치관을 다지는 게 우선이 되어야 한다. 진정 필요한 정보는 책에서, 혹은 온라인에서 충분히 가능한 시대이기도 하다.

간혹 초등학교 1학년 때 학부모들과 오랜 친구 사이로 발전하는 경우도 있다. 특히나 우리 나이 때 부모님들 중에서 종종 찾아볼 수 있다. 요즘은 글쎄……. 내가 더 살아봐야 알겠지만 흔한 경우는 아닌 것 같다.

물론 나에게도 학부모로 만났지만 좋은 관계로 꾸준히 인연을 이어가는 사람들도 있다. 이런 사람들은 공통점이 있었다.

'아이들 덕분에 만났지만 아이들 빼고 우리끼리 만나도 편하고 좋다.'

'자주 만나지 않는다. 다들 각자의 삶이 바쁘다.'

'서로 배울 점들이 많다. 만나면 아이들 이야기보다 본인에 대한 이야기하기를 더 많이 한다.'

'다른 이의 험담을 하지 않고 상대를 통해 내 모습을 비춰보고 깨달음을 얻는다.'

'서로의 삶의 응원하고 본인의 삶은 더 열심히 산다.'

반면에 그렇지 않은 사람들도 있었다.

'만나면 불평불만으로 징징거리는 사람. 꼬투리 잡기 좋아하는 사람'

'다른 아이와 혹은 부모의 험담을 하는 사람'

'자신의 아이와 우리 아이와 비교하며 무슨 학원을 다니는지 무슨 문제집을 푸는지 꼬치꼬치 물어보는 사람'

'본인 이야기보다 다른 사람의 이야기만 늘어놓는 사람.'

이런 사람들을 만나고 오면 피곤함이 쓰나미처럼 밀려온다. 함께 있어도 금방 에너지가 방전되는 느낌이다. 시간이 지나자 어느새 이런 사람들과는 점점 멀리하게 되었다.

학부모와의 관계

참 정의하기 어려운 관계인 것 같다. 친구인 것 같지만 친구는 될 수 없다. 동료 같을 때도 있지만 그건 아이들의 비슷한 고민을 갖고 있을 때만 해당된다. 내 아이보다 잘나 보이는 순간 더 이상의 동료도 아니다. 동료도 친구도 아닌 이 관계들로 힘들어 하는 엄마들도 많이 보았다.

어느 책에선가 학부모들을 사돈처럼 대하라는 말을 보았다. 이제껏 표현한 단어 중에 가장 와닿은 말이었다.

'말을 아끼고 최대한 예의바르게 좋은 모습을 많이 보여줄 것.'

자주 볼 필요도 없고 가끔씩 안부를 묻고 만나면 반갑고 헤어지면 더 편한 사이.

'사돈과 같은 관계'

단번에 내 마음속에 저장했다.

학무모 관계에서 가장 조심해야 할 것은 말조심이다.

첫째도 말조심 둘째도 말조심!

내가 못하는 일이기도 하다. 누군가가 안 좋은 얘기를 하면 나도 모르게 휩쓸려 말하고 있는 나를 보면 섬뜩하기도 했다. 그래서 부정적으로 얘기하는 사람들은 나를 못 믿기에 거리를 두려 했다.

다음으로는 예의이다. 간혹 조금 친해졌다고 허물없이 대하는 경우가 종종 있다. 나도 모르게 편하게 대하다 도를 넘은 것 같은 생각이든 날에 며칠 동안 마음이 찜찜하다.

나 같은 사람은 환경을 차단하는 것이 최고의 방법이라 생각한다. 그래서 좋은 사람들은 종종 만나지만 나의 부정적 기운을 이끌어 내주는 사람은 굳이 함께하려 하지 않는 편이다.

학부모 관계는 선택 사항이다. 편안하지만 예의 있게 이어가거나 혹은 끊어 내거나.

학부모 관계에서 힘 빼고 정보를 얻으려 하지 말고 내 아이를 좀 더 자세히 관찰하고 나를 뒤돌아보는 것이 더욱 현명한 방법임을 몇 번의 시행착오를 통해 깨달았다.

우리 아이 초등자존감

"아빠, 이거 보세요. 내가 만들었어요."

"이야, 똑똑한데! 우리 아들 천재네 천재!"

신랑을 흘겨보았다. 분명히 "똑똑하다" "천재다"라는 칭찬을 하지 말라고 몇 번을 말했는데.

본인도 말하고 나서 뜨끔했는지 내 눈치를 본다.

잠시 후 첫째가 영어책을 혼자 더듬더듬 읽는다. 물론 한 줄짜리 아주 쉬운 수준이지만 스스로 읽는 것에 대견해하며 칭찬을 건넨다.

"이야! 스스로 읽은 거야? 우앙, 우리 딸 완전 잘 읽는데. 똑똑한데!"

이번엔 신랑이 나를 흘겨본다. 시선은 느껴지지만 외면한다.

얼마 전 책을 보다 아이에게 독이 되는 칭찬이 있다고 해서 신랑에게 말해 주었다.

"아이가 한 과정을 칭찬해야 한대요. 결과에 대해 칭찬하면 아이가 자신 없어 하는 일이 닥쳤을 땐 시도를 안 하려 할 수 있다네. 특히나 똑똑하다 천재다 뭐 이런 칭찬이 제일 안 좋다니까 앞으로 과정에 대한 칭찬을 해 줍시다."
라고 유식한 척했지만 나조차도 깜빡하는 일이 많았다.

한때 칭찬의 중요성을 귀에 닳도록 강조하던 적이 있었다. 칭찬하라고 할 때는 언제고 요즘엔 칭찬을 마구 쓰면 안 된단다. 신랑도 나도 경상도에 태어나 칭찬에 목마른 사람이 칭찬을 뱉기까지 많은 연습이 필요했다. 겨우 습관이 되었는데 이젠 가려 가며 칭찬을 해야 한다니. 역시 육아는 어렵고 어렵도다.

칭찬의 방법, 아이의 자존감이 그냥 쑥쑥 키워 주게 하는 방법, 더불어 스스로 공부할 수 있는 자기 주도 능력에 인성까지 키우는 방법은 과연 무엇일까?

요즘처럼 자존감에 대한 이야기가 많이 나온 적도 없다.

자존감 수업, 엄마의 자존감, 초등 자존감 등 자존감의 종류도 많다. 이쯤 되면 아이의 자존감을 높일 수 있는 실질적인 방법이 "딱!" 하고 나와 줘야 하는데. 그게 참 말처럼 쉽지 않다. 뭐 그렇다면 마이웨이로 가는 수밖에.

대부분의 책에서 말하기를 자신감을 자존감으로 착각하지 않도록 한다. 자신감은 내가 무엇을 잘했을 때 생기는 감정이고 자존감은 내가 못하더라도 다시 일어나서 할 수 있는 감정을 말한다.

혹시나 아이가 실패해서 좌절해 있다면
마음속으로 주문을 걸어 본다.
비록 지금은 쓰러져 있지만
다시 일어날 수 있는 힘이 아이에겐 있다.
지금의 경험이 성공의 기회가 될 것이다!

예를 들어 두 아이가 받아쓰기 시험에서 100점 맞았다. 그런데 다음날 둘 다 50점을 맞았다.

한 아이는 풀이 죽어 더 이상 받아쓰기하기 싫다며 포기하려 한다. 다른 아이는 "나 저번에 100점 맞은 경험이 있으니까 50점 맞아서 속상하지만, 또 해서 더 잘해 볼래!"라고 한다.

그럼 어느 아이가 자존감이 높을까? 바로 두 번째 아이이다. 왠지 감으로 두 번째 아이가 더 높을 것 같다는 건 누구나 알 것이다. 그렇다면 두 번째 아이처럼 생각하게 하려면 어떻게 해야 할까? 여기서부터 막힌다.

사실 선천적 기질이 긍정적인 아이는 자존감을 확립하기에도 쉬울 것 같다는 생각이 든다. 하지만 그 외의 우리 아이 같이 조심성이 많고 그다지 부정적이지도 그렇다고 완전 긍정적이지도 않는 아이는 어떻게 해야 할까?

내가 하는 방법은 두 가지이다.

첫째, 아이의 실패를 기뻐한다.

아이가 마음이 다칠까 혹은 실패로 좌절감을 느끼는 것을 두려워하는 부모가 많다. 그 모습을 보는 부모가 더 힘들어하는 경우도 종종 있다. 물론 나도 마찬가지이다. 아이가 실망해서 눈물을 뚝뚝 흘리는 모습을 보면 마음이 미어진다. 그럼에도 실패의 기회를 이왕이면 어릴 적에 자주 겪었으면 한다. 실패가 있어야 다시 일어날 기회도 생긴다. 성인이 될 때까지 실패가 없었던 삶에 고난이 온다면 일어날 수 있는 힘의 근력이 다져져 있을까? 울면서도 다시 일어날 수 있는 회복력은 실패를 통해서 배울 수 있다. 실패의 경험과 다시 용기 내서 한 성공의 경험이 아이를 단단하게 만들어 준다.

혹시나 아이가 실패해서 좌절해 있다면 마음속으로 주문을 걸어 본다.

'비록 지금은 쓰러져 있지만 다시 일어날 수 있는 힘이 아이에겐 있다. 지금의 경험이 성공의 기회가 될 것이다!'

두 번째는 지속적인 대화이다.

가장 많이 하는 것은 책을 보며 대화하는 것이다. 그림책 하브루타를 하기도 하고 아이와 있었던 일에 대해 이야기하기도 한다. 아이가 힘들어 할 때는 공감을 해주고 겪어 냈을 때는 아이 스스로 자부심을 느낄 수 있도록 격려를 해준다.

자존감은 스스로 자라나게 하는 힘이다.
스스로 자라기 위해서 부모가 할 수 있는 일은
믿어주고 들어주는 것,
맹목적인 칭찬보다 우선시 되어야 할 일이다.

좋은 엄마라는 명품 갑옷

기다렸던 첫째를 임신하고 만삭 때까지 일을 했다. 임신 중에도 워킹맘이냐 전업맘이냐의 기로에서 수백 번을 고민하다 전업맘을 결심했다.

좋은 엄마가 되리라 다짐했다. 아이를 키우는 것도 일처럼 열정을 바쳐 노력하다 보면 인정을 받을 수 있으리라 믿었다. 그때는 몰랐다. 이런 당찬 다짐이 나를 나락으로 끌어내릴지.

둘째를 낳고 말도 못하고 기저귀도 못 뗀 첫째와 둘의 육아를 한다는 건 상상 그 이상으로 스펙터클했다. 고되고 육신이 지쳐 갔다. 영혼도 탈출할 지경에 이르러 위기감을 느꼈다.

좋은 엄마가 되리라 다짐하던 풋풋했던 새댁은 이미 뒤도 안 보고 먼 길을 떠났고, 영양분이 싹 빠진 껍데기만 내 육신을 지탱하고 있었다.

육아를 하면서 또 다른 나로 인정받고 싶었지만 나는 사라지고 내 삶은 주위의 시선과 아이들의 지분이 점점 많아지는 듯했다. 나란 사람이 없어지는 상실감마저 들었다.

'슬프지도 않는데 왜 눈물은 흐르는 거지?'

'마음이 아픈 건 아닌데 왜 이렇게 허하지?'

'누가 봐도 행복한 상황에 나는 왜 행복을 못 느끼는 거지?'

'내가 원하던 나는 어디에 있는 거지?'

대답할 수 없는 질문들에 나는 점점 어두워져 갔다.

좋은 엄마가 되기 위해 책을 읽어 주고 유행하는 장남감이나 교구를 사서 놀아주기도 했다. 아직 어린 아이 둘을 데리고 남들 다한다는 문화센터를 무리해서 다니기도 했다. 차에서 잠이라도 들면 둘을 업고 안고 기저귀 가방을 매고 낑낑대며 집으로 올라오며 눈물을 찔끔 흘리기도 했다.

아이의 반응이 기대와 달라도 포기하지 않으리라 다짐하지만 몸과 마음은 서서히 지쳐 갔다.

가끔씩 올라오는 화를 꾹 눌러 내리다가도 분화구가 열리고 이미 상황이 종료된 후 아이들의 얼굴은 잿빛으로 변해 있었다. 변해 가는 내 모습이 무섭고 싫어 자책을 하며 자는 아이를 보며 숱하게 울기도 했다. 같은 날이 반복되자 점점 불안해지고 나는 좋은 엄마가 될 수 없는 사람이란 생각에 좌절감에 빠졌다.

엄마라면 대부분 '좋은 엄마'라는 타이틀로 인정받길 원할 것이다. 나 또한 누가 봐도 인정하는 좋은 엄마라는 반짝거리는 명품을 꼭 갖고 싶었다.

그 명품을 걸치면 사람들이 나를 인정 해주리라 믿었다. 일을 그만두길 잘했다며 나의 선택을 지지받고 싶었다. 역시 나는 뭐든 잘할 수 있는 사람이라는 것을 증명해 보이고 싶었다.

그 오만함들이 나를 칭칭 감고 조여 오고 있다는 것을 눈치 채지 못했다.

참기 힘든 답답함에 책을 붙잡았다. 책 덕분이었을까? 조금씩 숨통이 트이는 듯했다.

그러다 문득 내가 명품이 아닌데 명품을 걸친다 한들 그게 무슨 소용일까 싶었다.

좋은 엄마라는 명품은 보기에 좋지만 입으려니 천근같이 무겁고 갑갑하게 느껴졌다. 말이 명품이지 몸을 옥죄는 갑옷과 마찬가지였다.

명품의 기준은 또 어디로부터 온 것일까? 나 자신에서 시작된 기준이 아닌 다른 사람들의 잣대에서 시작되었다. 그 속에 아이들의 성향과 취향에 따른 배려도 없었다. 단지 누군가에게 인정받기 위해 허상을 쫓고 있었다.

갑옷을 벗어 던져 버려야 했다. 다른 사람들이 생각하는 좋은 엄마가 아닌 내 아이들에게 좋은 엄마가 되어야 했다. 그리고 무엇보다 나를 보살펴야 했다.

좋은 엄마이기 전에 내가 먼저 좋은 사람이어야 했다. 외면했던 나를 소환하여 나를 따스하게 보듬어 주어야 했다.

물론 마음처럼 쉽진 않았다. 하지만 한 올 한 올 벗어 내자 아이들의 표정과 내 삶도 한층 밝아졌다.

이 글을 보는 모든 엄마들에게 말하고 싶다.

"엄마들이여.
당신은 이미 좋은 엄마입니다.
책을 통해 아이를 잘 키우고자 하는 마음만으로도 충분히 좋은 엄마입니다.
당신은 누가 뭐래도 좋은 엄마입니다.
세상에서 가장 멋진 일을 지금도 해내고 있습니다.
당신은 정말 좋은 여자입니다.
엄마이기 전에 당신은 예전에도 지금도 세상 하나밖에 없는 좋은 여자입니다.
그러니 우리 엄마들이여 힘내세요.
당신은 지금도 충분합니다."

뚝심 육아가 안 되면 오뚝이 육아로

나는 의지가 강한 사람이 아니다. 물론 끈기가 있는 편도 아니다. 심지어 팔랑귀에 기분파이다. 이런 나와 뚝심이란 말은 마치 식상한 표현이지만 물과 기름과 같은 사이랄까.

엄마가 불안한 건 당연하다. 아이가 변화할 때마다 불안하고 세상이 변해도 불안하다.

엄마가 조급한 건 당연하다. 내 아이만 쳐질까봐 걱정되고 내가 제대로 엄마 역할을 못하나 싶다.

그럴 때마다 전문가들은 조언한다. 자신만의 교육철학으로 흔들리지 않는 뚝심이 필요하다고 말이다. 근데 나 같은 사람은 어찌 이런 난관에 흔들리지 않을 수 있단 말이냐.

긴 고민 끝에 깔끔하게 결론을 내렸다. '불가능, 패스!'

그래서 내가 생각한 방법은 오뚝이 육아이다.

내가 좋아하는 작심삼일과 비슷한 말이다. 나만의 작심삼일의 방법은 세 가지이다.

첫 번째, 삼 일하다 못하더라도 포기란 없다.

아이에게 그림책을 매일 읽어 주리라 마음먹지만 쉽지 않을 때가 많다. 3일 정도 패스를 한 날엔 어김없이 내 속에 악마가 나타나 속삭인다.

'역시 난 끈기가 없어. 하. 그냥 살던 대로 살까? 그림책 안 읽어주면 어때? 잘만 노는구만. 에잇. 그냥 되는 대로 살자.'

하지 못했던 행동들의 후회보다 그 후의 생각들이 앞으로의 삶을 결정한다.

악마의 속삭임이 머릿속에 떠다닐지라도 고개를 힘껏 저으며 날려버리고 다시 시작하면 된다.

'못할 수도 있지. 끝이 아니다! 오늘부터 또 시작하면 되는 거야'라고 생각하면 부담이 없다.

못한 것에 대한 자책이나 실망도 적다. 또한 장기적으로 보면 실패했다고 포기하는 쪽보다 다시 시작해서 적게나마 실천하는 쪽이 훨씬 낫다.

두번째, 삼 일 연속으로 못한 다음 날은 다시 해보자이다.

우리 집에 사시는 분이 자주 하는 말이 있다

"엄마 또 까마귀 고기 먹었어요?"

'그래. 너희랑 부닥치고 나면 뒤가 까마득하단다.' 하고 대변하고 싶지만 속으로 삼키고 만다. 뭐든 잃어버리기 일쑤이다. 출산 후유증이라 변명하고 싶지만 원래 잘 까먹는 스타일이라 할 말이 없다.

작심삼일을 다짐했지만 몇 번 하고 몇 번 안 했는지 기억하질 못한다. 그래서 냉장고에 붙여둔다. 매일 해야 할 일을 적어놓고 한 날엔 동그라미 안 한 날엔 엑스 표시를 한다. 덕분에 잊어버리는 횟수가 확연히 줄었다. 그리고 얼마동안 못했는지, 얼마나 잘하고 있는지 한눈에 볼 수 있어 좋다. 그렇다고 거창한 할 일들은 아니다.

영양제 챙겨먹기(두 아이를 낳고 시작했다. 짜증 많이 낸 날은 영양제를 챙겨먹지 않은 날일 가능성이 크다.), 감사 일기(오그라들지만 비공개로 시작해서 이어가다 보니 정말 삶이 감사해졌다), 계단 오르기(늘어난 살과 높지 않은 층수이기에 운동 삼아 시작해 보았다.) 등 힘든 일이 아니다.

한 달 표에 다 적어놓고 처음부터 '무조건! 꼭! 매일! 해내고 말 거야' 하는 다짐 따윈 하지 않았다. 단지 엑스표가 연달아 3개가 있는 날엔 다음 날엔 꼭 실천을 하려고 했다. 생각보다 잘 지키고 있을 땐 나 스스로 칭찬과 선물도 해주었다. 굳게 다짐하고 결심하고 의지를 다지는 것보다 가벼운 마음으로 시작하는 방법이 확실히 실천력이 좋았다.

나는 '노력'이란 말에 대한 알레르기가 있는 것 같다.

부모님께, 선생님께, 사회에서, 또 나에게 매번 "최선을 다해 노력하겠습니다!"라고 말하는 순간부터 마음이 무겁고 부담스럽다. 잘하고 있던 일도 하기 싫어지는 부작용이 나타나기도 한다. 결심하고 의지를 다지지 말고 그냥 작은 것부터 일단 시작하는 것이 노력 알러지를 없애는 가장 좋은 방법이다.

세번째, 작심삼일이 세 번 지나도 지켜지지 않은 계획은 수정한다.

매일 책을 읽고자 다짐하고 하루에 100페이지를 목표로 삼았다. 지금 생각해도 용기가 대단하다. 삼 일 동안 못하는 날이 세 번 넘게 이어지자 포기가 아닌 계획을 수정하기로 했다.

50페이지로 양을 줄이니 좀 하는가 싶다가 코로나로 아이들과 함께 집콕 생활을 하니 그것도 힘들었다. 그래서 다시 궤도수정! 30페이지로 설정했다. 다행히 지금까지는 잘 지켜지고 있는 중이다.

포기할 때까지 끝이 아니다. 내 마음속에 포기했다고 생각하는 순간, 하기 싫어진다.

혹시 포기는 또 다른 변명이 아닐까?

육아도 마찬가지다. 몇 년마다 바뀌는 교육 트렌드에 자꾸만 생겨나는 새로운 프로그램들에 강아지풀처럼 보드라운 내 귀는 쉬지 않고 팔랑거린다. 정신없이 흔들리다가 어느 순간 '우리 아이들 지금 잘하고 있는 건가? 이 방법이 맞는 건가?' 하며 어김없이 불안해진다.

그럴 때면 다시 마음을 다잡는다. '지금 잘 하고 있어! 이것만으로도 충분해!' 하며 흔들려 쓰러졌던 마음을 다시 일으켜 세운다. 오히려 실패 덕분에 부족함을 알고 시행착오를 겪으며 나의 육아를 단단하게 다지는 계기로 만들기도 한다.

육아에서 중요한 건 속도가 아니다. 넘어져서 다시 일어나더라도 나만의 길로 천천히 그리고 꾸준히 가는 것이 중요하다. 나만의 길을 묵묵히 가다보면 우리만의 길이 열리리라 믿는다. '오늘쯤이야'라는 마음가짐이 아닌 오늘 하루도 아이와 함께한 날이 떳떳했다면 아이와 자신을 믿고 꾸준히 이어 나아가면 된다.

육아에서 유일한 답을 찾겠다는 생각을 버리고 나만의 길을 묵묵히 가겠다 생각하면 조금은 더 수월해질 것이다.

아마 앞으로도 기우뚱거리며 흔들리는 순간이 올 것이다. 하지만 반드시 오뚝! 일어나서 마음을 다잡고 아이들을 믿고 나를 믿을 것이다. 뚝심 육아가 힘들다면 포기란 없는 오뚝이 육아로 한번 해보는 건 어떨까?

교양 있는 엄마의 화내기

간만에 식당에서 가족끼리 외식을 갔던 날이었다.

옆 테이블의 사람들이 시끄럽게 이야기하면서 점원에게 함부로 대하는 모습을 보고 얼굴이 절로 찡그려졌다. 서로 미간에 주름이 짝 지어진 채로 눈이 마주친 아이는 내게 와서 귓속말을 했다.

"엄마. 저 사람 참 교양 없다. 그지요?"

순간 나도 모르게 큰소리로 육성이 터져 나도 그만 교양이 없는 사람이 되어 버렸다.

평소에 아이들이 공공장소에서 매너를 지키고 배려하는 모습을 보면 착하다는 말 대신, "와, 너 교양 있는 아이로구나!" 하고 이야기를 했었다.

왠지 예의바르다는 말은 복종해야 할 것 같고 따라야만 할 것 같은 느낌이 드는 건 나만 그런 걸까?

이렇게 교양을 좋아하는 엄마가 화를 낼 때도 교양 있게 낼 수 있을까?

물론 교양 있는 엄마가 되고 싶어 수없이 노력하고 올라오는 스팀에 머리카락이 많이 빠지기도 했다. 하지만 '아차' 하는 순간에 이미 용솟음은 뿜어져 나오고 난 뒤였다. 나의 의지와 상관없이 입속에서 가시 돋친 날말들이 쏟아져 나와 막을 도리가 없는 순간들이었다.

스트레스 지수가 높거나 조급한 마음이 드는 날엔 더욱 모진 말의 강도가 세지곤 했다.

열까지 세기 방법, 잠시 다른 방으로 가는 방법, 냉수를 들이키는 방법 등 다양하게 써 봤지만 더 이상 참다가는 내가 화병 날 것 같아 끝내 '교양은 무슨!' 하고 정신 줄을 놓아 버린다. 그렇게까지 화를 냈으면 후회나 말 것을 밤이 되면 어김없이 성찰의 시간이 떡 하니 기다리고 있다.

그날 밤도 자는 아이를 보며 '난 교양 있는 엄마가 될 수 없는 것인가.' '나의 교양은 허상이었던 것인가?'를 수없이 되뇌고 있었다.

어디다가 하소연할 데도 없고 답답한 마음에 휴대폰 메모장을 열었다.

"이 아이는 내가 간절히 원해서 온 천사이다.
지금 내가 화내고 있는 이유가 정말 아이 때문인가.
지금 내가 아이에게 모질게 말하는 이유가
내 힘듦 때문은 아닌지…….

진정해.

너도 엄마로서 충분히 잘하고 있어…….

아이의 마음을 다독여 주기 전 내 마음부터 위로해 주자.

이 아이는

지금 이 자체로도 충분히 사랑스럽고 자랑스러운 아이이다.

제발…….

내 욕심 때문에

내 힘듦 때문에

아이에게 모질게 하지 말자.

너무 화가 나면 이 글을 보고 30까지 세어 보자.

나중에 지금처럼 뼈저리게 후회하지 말고!

이 글을 보며 나를 붙잡자.

진정해.

너도 엄마로서 충분히 잘하고 있어……."

글을 적는데 눈물이 시야를 흐렸다. 뭐가 그리 서러웠는지 다시 쓴 글을 보며 낮에 아이가 나를 보며 울 듯 꺼억꺼억 소리내 울었다.

아이를 혼내고 나면 꼭 대화를 하고 아이의 마음을 풀어 주고 마무리하라고 한다.

근데 '엄마인 내 마음은 누가 풀어 줄까? 나도 아이만큼 화나고 후회되고 초라해지는 내 마음은 누가 다독여 주나?' 싶은 아이 같은 마음이 늘 들었다.

짧은 글이지만 글을 쓰고 나서 느꼈다. 그 마음, 내 스스로 다독이자.

아이의 마음을 다독여 주기 전 내 마음부터 위로해 주자.

가끔씩 화가 치밀어 뚜껑이 열리려 하면, 빨리 휴대전화에 메모장을 열어본다.

그리고는 물을 한 컵 마신다. 그럼 달아나던 교양이 다시 돌아오기도 한다.

물론 매번은 힘들지만 말이다.

그렇구나. 너는 다 계획이 있었구나

하루라도 잔소리를 안 하고 살 수 있으면 얼마나 좋을까?

아이와 그야말로 교양 있는 대화를 하며 웃으면서 서로를 이해해 줄 수 있는 대화만 한다면 천국에 온 듯 행복하지 않을까? 우아한 여성으로 살고 싶다, 진정.

"좀 있다 놀이터 가려면 지금 숙제해야 하는 거 아니니?"

최대한 부드럽게 시작한다. 분명 들은 것 같은데 대답이 없다. 심호흡을 크게 한 번 한다.

"숙제했니? 놀이터 가려면, 지금 안 하면 저녁……."

역시나 들었던 게 틀림없다. 내가 하려던 말을 잘라먹고 본인의 할 말을 시작한다.

"엄마, 지금이 네 시니까 시간 많아요. 나 하던 거 마저 하고 놀이터는 늦으면 좀 더 늦게 나가면 되잖아요. 일단 비즈목걸이 다 만들고 할 거예요."

"그래도 엄마가 놀이터 다녀오면 저녁준비 해야 해서 너 숙제 봐줄 수가 없어."

부드러웠던 내 목소리가 어땠는지 기억이 나지 않는다. 짜증을 꾹꾹 누르며 말했다.

"엄마, 다 할 수 있으니까 잠깐만요."

그놈의 잠깐만이 한 시간이고 두 시간이 되는 경우가 부지기수다. 욱 올라오는 화를 빼내려다 다시 눌러 담는다.

'그랬구나. 넌 다 계획이 있었구나…….'

어떤 육아서에도 엄마의 잔소리로 잘된 아이는 눈 씻고 찾아볼 수가 없었다. 오히려 잔소리를 줄이고 믿고 지켜봐 줄 때 아이들은 더 잘 자란다고만 되어 있을 뿐이다.

어디 유명한 육아 고수님이 잔소리를 맛깔나게 잘해서 엄마 속도 편하고 아이들도 잘되는 책 써주실 분 없을까?

아. 하고 싶은 말을 참고 속으로만 삭히려니 그 전에 내 얼굴이 먼저 삭는 듯하다.

왜 이상하게 아이가 커갈수록 잔소리도 함께 늘어나는 것일까?

잔소리를 듣는 아이도 싫겠지만 잔소리를 하는 나도 지치는 건 마찬가지이다.

아이를 믿고 기다리라는 데 잔소리를 안 하면 행동하지 않는 아이를 어찌 믿는단 말인가.

부모가 주도적으로 리드를 하다보면 아이의 성장이 더디다는데 리드를 안 하면 따라올 기미가 안 보이는데 어찌하란 말인가. 그야말로 총체적 난국이다.

기대치를 낮추기로 했다. 물론 아이를 믿는다. 믿어야지. 믿어야 되고말고. 그 믿는 기대치를 조금 낮추기로 했다. 그랬더니 훨씬 잔소리가 줄어드는 것을 느낄 수 있었다.

역시나 잘 시간이 다 되어가는 데도 씻지도 않고 놀고 있다.

"이제 곧 잘 시간이야."

"알아요!"

'알면 행하라, 제발.'

다시 동생과 노는 데 여념이 없다. 다시 아이를 불렀다.

"자! 여기까지! 엄마가 무슨 말 할지 알지?"

"네?"

잔소리 폭탄 맞을 비장한 표정으로 보다가 어리둥절해 하며 쳐다본다.

"엄마 이야기는 끝났어. 너는 다 계획이 있겠지."

"아. 네. 이거하고 씻을게요."

아이가 자랄수록 엄마의 기대치도 책임감도 함께 올라가는 듯하다. '이 나이 땐 이 정도는 해야지.'라는 생각에 엄마의 조바심을 아이에게 쏟아낸다. 아이가 변한다면 그건 내 잔소리 때문이 아니라 아이 스스로 깨달았기 때문일 것이다.

기대치를 낮추고 아이를 믿어주면 아이도 나도 행복하다. 전에는 당연한 일이었을지라도 아이가 해내면 기분이 좋고 아이에게도 긍정의 피드백이 간다. 잔소리는 아이에게 부정의 피드백이다. 잔소리를 많이 들으면 들을수록 부정이 쌓여 자기 존중감이 낮아질 수 있다.

긍정의 인풋이 많아야 긍정의 아웃풋도 가능하지 않을까?

오늘도 올라오는 잔소리를 줄이고 생각한다.

'그래! 너는 다 계획이 있을 거야.'

엄마의 브레이크 타임

눈꺼풀이 자꾸만 내려온다. 연달아 하품이 나고 몸이 축 처진다.

아이들이의 주문이 늘어나면 슬슬 스팀이 끓기 시작한다. 얼굴이 달아오를 때쯤 시계를 본다. 오후 4시 30분.

오전에 이미 커피를 한 잔 마셨지만 한 잔 더 탄다. 커피를 마셔도 여전히 피곤한 건 기분 탓인가? 안 되겠다 싶어 아이들에게 말한다.

"얘들아 엄마 방전되었어. 자,충천해 줘."

아이들이 달려와 폭 안긴다. 때로는 먼저 안기겠다고 난리를 치다가 때로는 너부터 가라고 아우성이다.

아이를 안으면 충천이 될까? 어림없다. 그래도 기분은 좋다.

"얘들아 고마워. 이제 엄마 브레이크 타임! 앞으로 한 시간 너희 하고 싶은 거 하고 놀아. 필요한 거 있음 지금 미리 말하고. 그리고 알다시피 엄마 방엔 안 들어왔으면 좋겠어."

"네! 그럼 우리 티비 봐도 돼요?"

"응 디즈니 채널 볼래?"(영어로 나옴. 그나마 위안이 됨)

"네!"

아이들이 제법 크고 둘 다 화장실을 스스로 처리할 수 있을 때부터였다. 나른한 오후에 충전이 필요할 때 브레이크 타임을 가지곤 했다. 요즘같이 코로나로 매일 함께인 날은 나의 브레이크 타임도 매일 이어진다.

엄마의 브레이크 타임, 내가 만들었지만 참 잘 만들었다. 특히나 밖에 잘 나가지도 못하고 주구장창 아이들과 붙어 있어야 하는 날엔 이 시간만 기다려지기도 한다.

처음엔 '아이들을 방치하는 게 아닐까? 이래도 되는 걸까?'라는 생각을 잠깐 했지만 브레이크 타임의 맛을 본 순간 사소한 걱정에 지나지 않았다.

아이들도 은근 기다리는 것 같기도 했다. 이 또한 기분 탓인가?

포근한 이불 속에 들어가 책을 잡는다. 10분 안에 눈이 감긴다. 책을 잡고 살짝 낮잠을 즐긴다. 눈을 뜨면 아직도 15분이 남아 있다. 휴대폰을 들고 서핑도 하고 쇼핑도 한다. '정말 달콤한 시간이다'라는 생각이 드는 찰나 한 시간이 끝나간다.

환한 미소로 방을 나온다. 아이들은 티비에 빠져 있거나 어느새 다른 놀이를 하며 시간을 보내고 있다. 브레이크 타임이 없었더라면 짜증내고 있었을 시간에 기분 좋게 아이들에게 말을 건넨다.

물론 처음부터 쉬운 건 아니었다. 엄마의 브레이크 타임이 정착되

엄마의 브레이크 타임,
내가 만들었지만 참 잘 만들었다.
특히나 밖에 잘 나가지도 못하고
주구장창 아이들과 붙어 있어야 하는 날엔
이 시간만 기다려지기도 한다.

기 전 둘째가 응석을 부렸다.

"엄마, 쉬지 마! 나랑 같이 놀아, 엄마 없으면 무서워."

"엄마가 너무 피곤해서 그래. 계속 이렇게 있으면 엄마 짜증날 것 같아. 엄마가 조금 쉬고 나오면 더 기분 좋게 놀아줄 수 있을 것 같아."

"그래도 시저~."

흔들리는 마음을 다잡고 아이에게 최대한 부드럽고 단호하게 이야기 했다.

"싫어도 어쩔 수 없어. 엄마 방에 들어갈게."

처음엔 따라 들어와 귀찮게 하기도 하고 들락날락거리며 금쪽같은 내 시간을 방해하기도 했다. 그러거나 말거나 1시간은 모른 척으로 일관하니 아이도 어느새 적응을 하고 본인에게 유리한 티비를 선택했다.

브레이크 타임을 갖기 전, 아이들의 뒤치다꺼리에 지쳐 갈 때 때쯤 꾸역꾸역 저녁상을 차린다. 밥을 하면서도 씩씩거리며 몇 번을 다짐한다.

'나중에 애들 좀 크고 나서 일하면 돈 많이 벌어서 꼭 이모님 불러야지! 내가 버는 돈이 다 나가는 한이 있어도 이모님을 부르고 말 테다!'

살림만 하면 우울해지는 '살림 우울증'을 가진 나는 살림을 할 때마다 혼자 툴툴거리기 일쑤이다. 특히나 몸이 힘든 날엔 강도가 세져 집 분위기를 망가트리기도 한다.

어떤 이는 사랑하는 가족이 먹을 것 입을 것들을 잘 챙기면 그 또한 뿌듯하다던데 난 늘 살림하는 시간이 아깝다고 생각되니 하기 싫을 수밖에.

그래도 브레이크 타임 덕분에 몸도 정신도 한결 가벼워졌다. 달콤한 휴식이 나에게 긍정의 바람을 불어넣어 줬다. 긍정의 바람으로 리프레시 되고 나니 없었던 의욕이 생기기도 했다. 밥을 하거나 설거지를 하며 유튜브 강의를 듣기도 했다. 그랬더니 살림하는 시간이 이제는 비생산적인 일이 아니라 생각된다. 부정적인 생각들도 사라지고 뿌듯함마저 드는 하루를 마무리할 수도 있었다. 브레이크 타임 덕분에 삶의 만족도가 올라가고 있었다.

브레이크 타임! 금쪽같은 나만의 힐링시간이다.
엄마들이여!
지쳐 힘든 하루 중 브레이크 타임을 가지시길
강력하게 추천하는 바입니다!

chapter 5

네 사교육비 내가 먼저 쓸게

내 인생의 지분

아이들이 어릴 적 내 인생의 지분의 9할은 아이들이었다. 나는 그저 아이들을 위해 존재하는 그림자 같았다. 언제쯤 내 인생을 되찾을 수 있을지 그날이 오기나 할지 그 누구도 말해주지 않았다. 그저 시간이 지나면 이때가 그리워질 거라는 이해할 수 없는 대답만 돌아왔다.

시간이 지나면 정말 그렇게 될까?

가족의 그림자였던 내가 다시 예전처럼 내 삶의 주인공으로 빛날 수 있을까? 하는 질문조차 낭비로 느껴졌다.

첫아이가 의젓하게 초등학교에 등교하던 첫날, 손에서 모래가 사르르 빠져나가는 듯한 허전함을 느꼈다.

'언제 저렇게 커서. 녀석, 뒤도 안 돌아보고 가버리네. 이제 시작이겠지. 내 품에서 점점 더 멀어지겠지.'

그토록 내 삶의 지분을 갈망하던 내가 아이러니하게도 커가는 아이의 독립 앞에서 아쉬워하고 있었다. 아이가 자라면서 생기는 아쉬움들과 내 인생을 다시 시작할 수 있을까에 대한 두려움은 비례했다.

유아일 때 부모의 역할은 90% 이상이다. 초등 저학년일 땐 부모의 역할이 70~80%, 초등 고학년일 때 부모의 역할은 50%면 된다.

중학교, 고등학교 그 이상일 때 부모의 역할은 그저 지켜봐 주고 격려해 주는 것으로 충분하다.

초등 입학 전에 더 불안하고 심란한 엄마의 마음은 아마도 아이에게서 내 역할이 줄어드는 것을 감지해서일까?

정의할 수 없는 아쉬움과 두려움의 시선은 아이에게로 향했다. 불안한 만큼 아이에게 더 초점을 맞추고 무언가를 더 하려 애썼다.

어쩌면 내 삶을 다시 준비하는 게 두려웠을까? 모든 초점이 아이에게 향해 있다 보니 아이도 나도 지쳐가는 날이 많아졌다.

부쩍 내 잔소리가 많아지던 어느 날 아이가 말했다.

"엄마. 나도 알고 있어요. 내가 할게요."

말로만 듣던 '엄마 신경 끄세요.'를 미화한 '엄마 알아서 할게요.'의 시작인 것인가라는 생각이 들었다. 아이가 알아서 하길 그토록 기다리던 순간인데 나는 왜 섭섭한 감정이 드는지 이해 할 수 없었다.

이제 그 초점을 나에게 돌려야 할 시기가 왔다. 더 이상 나의 유일한 관심사가 아이가 되어서는 안 되겠다 생각했다. 내 삶의 지분에서 점점 빠져나가는 아이만 보며 허전해해서는 안 되었다. 기다리고 기다리던 내 삶의 지분을 다시 채워 나가야 할 시간이 온 것이다.

이제 엄마라는 삶에 익숙해지고 적응한 나에게

'내가 다시 무엇을 잘할 수 있을까?'

하는 생각이 나를 엄습해 왔다.

내가 다시 무엇을 잘할 수 있을까?

학교에 다녀온 아이가 나에게 와서 묻는다.

"엄마. 엄마는 꿈이 뭐예요?"

"엄마? 음……. 그러니까 엄마는.. 가족……."

'헉……. 가족 건강하고 너희 잘 크는 것'이라고 말할 뻔 했다.

어릴 적 엄마에게 똑같이 물은 적이 있다. 엄마에게 들은 대답에 어릴 적 나는 그건 꿈이 아니라 생각했다.

내가 잘 커야 엄마의 꿈을 이룰 수 있는 거란 생각에 진짜 내 꿈을 생각할 수 없었다. 그랬던 내가 엄마와 같은 대답을 할 뻔 했다니. 나에게 실망스러웠다. 그렇다고 딱히 내 꿈이 뭔지 생각이 나지도 않았다. 예전에 했던 일을 다시 할 수 없을 것 같은 생각에 자신감이 툭 하고 떨어졌다.

아이가 스스로 할 수 있는 일이 많아질수록 편해질 것이라 생각했다.

아이가 커나가는 만큼 내 여유도 많아질 거라 생각했다. 몸도 마음도 더 가벼워질 거라 착각했다.

'그런데 불길하게 엄습하는 이 기분은 뭐지?'

'아이들은 이렇게 쑥쑥 크는데 나는 성장하고 있는 걸까?'

'엄마의 역할을 빼고 난 나는 어떨까?'

'아이들이 어릴 적엔 아이들에게 사력을 다한다 하지만 이제 아이들이 크고 나면 내 인생은 어떻게 되는 것일까?'

'이럴 거면 일을 그만두지 말걸 그랬나?'

'엄마가 아닌 사회에서 나란 사람을 필요로 할까?'

'내가…….'

'다시 무언가를 시작하고 잘할 수 있을까?'

한때 나를 부러워했을지도 모를 워킹맘들이 부러워지기 시작했다.

일을 그만두고 처음 일이 년은 다시 돌아가도 문제없을 거라 믿었다. 그 생각들이 육아를 더 힘들게 만들었을까? 일 대신 육아를 선택했다는 것에 대한 만족감이 채워지지 않으니 육아가 더 힘들게 느껴지기도 했다.

이제는 다시 돌아가기 힘들 거란 생각에 나에 대한 불안감도 함께 커져 갔다.

아이가 초등학교에 입학하는 시기에 일부 워킹맘들은 일을 그만두기도 한다는데 나는 지금 왜 이런 생각에 불안한 걸까?

늘 아이와 함께하면서 아이들이 자라는 세월이 빠르다는 것을 몸소 느낀다. 아이가 초등학교에 들어가고 앞으로 중학생, 고등학생 땐 어떨까라는 생각이 든다. 그래서인지 나 같은 전업맘들이 아이가 초등학교에 입학을 하고 적응을 할 때쯤 사회에 다시 나가고 싶은 맘이 드는 건지도 모르겠다.

엄마들은 '내가 다시 무언가를 할 수 있을까'의 기로에서 방황을 하기도 하고 포기를 하고 아이에게 더 목을 매기도 한다. 나도 익숙해진 엄마의 생활에서 다시 무언가를 시작하는 어려운 문제를 잠시 접어둘까도 했지만 언젠가는 더 크게 펼쳐질 고민이라 생각되었다.

'내가 다시 무엇을 잘할 수 있을까'에 대해 생각하면 할수록 다른 이와 비교하고 작아지는 내가 보이자 질문을 바꾸어 보았다.

'잘할 수 있는 일 말고 내가 진정 하고 싶은 일은 무엇일까? '

학교를 졸업하고 사회의 관념에 따라 뻔한 길을 다시 밟고 싶진 않았다. 어쩌면 지금이 내 모습을 들여다보기 가장 좋은 시기일지도 모르겠다 생각했다.

결혼이라는 환상이 깨졌지만 묵묵히 현실을 살아낸 '나'이다.

출산이라는 기적을 맛보고 육아라는 쓴맛까지 보면서 바닥까지 내려갔던 '나'이다.

이제는 그 누구의 기준도 아닌 진정 내가 하고 싶은 일이 무엇일까 생각해보기 적절한 시기가 아닐까?

아이들, 가족, 주위의 시선보다 내가 하고 싶은 일이 무엇일까 생각해보았다. 할 수 있는 일은 도저히 생각이 나지 않는데 신기하게도 하고 싶은 일은 이따금씩 떠올랐다. 해가 지난 다이어리를 꺼내 하나씩 적어보았다.

어느새 설레는 마음이 들었다.

"딸~! 엄마 꿈 생각났어!

엄마 꿈은 다시 학생이 되는 거야!"

네 사교육비 내가 먼저 쓸게

얼마 전 아이와 차를 타고 가다가 아이가 네 살 무렵 다녔던 학원을 지나가게 되었다.

"어? 저기! 저기 미술학원 네가 다녔었는데. 그때 재미있었지?"

"어디요? 잘 기억이 안 나는데."

"네 살 때. 친구들이랑 같이 다녔잖아."

"아……. 친구들이랑 같이 어디 간 건 기억나요."

'이런…….'

친구들이랑 같이 한 추억을 위해 내가 매달 적지 않은 돈을 지불했다고 생각하니 배가 살살 아파왔다. 더군다나 어린 동생을 아기 띠로 이고 지고 비가 오나 눈이 오나 좁은 주차장에서 주차를 걱정하며 데리고 다녔었는데……. 기껏,

그래도 조금은 아이의 미적 감각에 도움은 되었겠지 하고 위로했지만 여전히 속은 쓰렸다.

오늘도 휴대폰을 들고 결재를 누를지 말지 고민한다.

전부터 읽고 싶거나 관심 있었던 책을 장바구니에 담아놓고 결재를 못하고 망설인다. 한 권 더 담아서 그때 같이 결재해야지 해놓고 쌓인 게 벌써 7권째다. 이제는 한꺼번에 받아도 다 읽을 수 있겠나 싶다. 모름지기 읽고 싶은 책은 바로 읽어야 맛인데……. 시간이 지나면 책을 읽고 싶었던 흥미도 함께 퇴색되는 듯하다.

아이들을 위한 책은 당연한 듯 사면서 막상 내 책 몇 권에 덜덜 떨다니…….

아이들을 위해 체험미술, 창의 수업 등 학원비는 아까운 줄 모르고 썼으면서 내가 듣고 싶은 강의에는 망설이고 있는 나를 보자 못마땅하다는 생각이 들었다.

사실 유아 시기 아이들이 가는 오감미술이나 창의학원들은 아이들이 좋아해서 가는 경우가 많다. 혹은 주위에서 하고 있으니 내 아이도 경험시켜 주고 싶은 부모의 마음도 크다.

물론 다양한 경험이 좋긴 하겠지만 그 결과가 과연 몇 년 뒤에 나타날까?

나타나기는 하는 걸까? 몇 년 뒤 아이의 기억에 많이 남아 있지 않은 경험을 위해 그렇게까지 투자할 가치가 있는 걸까?

물론 악기나 운동 그리고 재능이 보이는 부분에 대한 투자는 가성비를 떠나 아이를 위해 좋다고 생각한다. 문제는 그밖에 '혹시나 우리 아이가 재능이 있을 수도?' 혹은 '옆집에서 하고 있으니 우리 아이도 해야지?' '4차산업혁명시대를 대비해 요즘 뜨는 프로그램이라서?' 하고 생각이 되는 것들은 과감히 정리하기로 했다.

뒤늦게 사교육에 대한 정신을 차렸지만 돌아보니 그때의 학원비에 대한 가성비가 왜 이제 와서 자꾸 생각이 나는지. 내가 하고 싶은 일을 생각하자 더 아까운 마음이 들었다.

아이들을 위해 쓰는 소비는 당연히 부모의 의무라 생각했다. 그런데 막상 나를 위한 교육에는 전혀 투자하지 않고 있었다. 나에 대한 일푼의 투자도 안 하면서 내가 무엇을 잘할 수 있을까에 꽂혀서 헤매고 있었다.

아이들의 꿈을 찾아 주기 위해 다양한 경험을 시켜주려 노력했지만 내 꿈을 위해 한 노력은 없었다.

만약 아이들에게 쏟아붓는 노력과 비용을 나한테 투자한다면?

자격증 하나를 따더라도 그 가성비 오 년 안에 보여줄 수 있다.

책을 하나 읽더라도 지금 내게 필요한 책을 읽어 내 것으로 만들 수 있다.

강의를 하나 듣더라도 학창시절과 다르게 내가 하고 싶어 하는 공부는 재미있고 신나는 자기개발이 된다. 아. 왜 진작 이 생각을 못했을까?

지금이라도 생각한 나를 칭찬하며 이제 아이들의 사교육비 나에게 먼저 투자하기로 마음먹었다.

마음을 먹으니 결정하는 게 훨씬 수월했다.

전부터 관심이 있었던 '하브루타지도사과정'을 듣고 자격증을 취득했다. 아. 이런 게 공부의 재미구나 싶을 만큼 하고 싶은 공부는 달콤했다. 덕분에 내 경력과 접목해서 책을 출간하는 감사한 기회도 생겼다.

공부를 하다 보니 대학원에 가고 싶다는 욕망이 생겼고 대학원에 입학하게 되었다. 공부와 출간의 경험을 통해 강의도 하고 수입도 생겼다. 그 수입을 다시 대학원이라는 내 공부에 투자한다.

역시 아이들보단 내게 투자하는 것이 가성비로선 최고였다.
앞으로도 당분간은 아이들 사교육비 보단
내 공부에 더 투자할 생각이다.
배움 리스트를 작성해서 하나씩 이루어 나가는
재미가 쏠쏠하다.
더군다나 바로 활용할 수 있는 공부는
내 성장의 밑거름이 되었다.
혹시 아는가.
진짜 아이들의 사교육비가 필요할 때
내가 큰 보탬이 될 수 있을지…….

엄마가 성장하는 시간

"도서관 가자!"

"엥? 나 아직 읽을 거 많은데요?"

"너 말고 엄마가 지금 읽고 싶은 책이 있어서 그래."

아이들이 없을 때 혼자 가는 도서관을 제일 좋아하지만 코로나로 인한 요즘은 대부분 아이들과 함께 도서관에 간다.

하고 싶은 것이 생기자 읽고 싶은 책들도 함께 늘어났다. 집에서 미리 도서관 사이트에 접속해 열람번호를 캡처해서 북 리스트를 정리해간다. 물론 혼자 가면 빌리고 싶은 책과 관련된 책도 훑어보고 여유를 즐길 수 있지만 아이들과 함께 도서관을 가는 것은 스피드가 관건이다.

종합열람실에 가서 빛의 속도로 내 책을 빌리고 어린이 열람실로 향한다. 빌릴 것 없다던 아이들도 도서관에만 가면 갑자기 읽고 싶은 책들이 많아진다. 이렇게 도서관을 일주일에 한 번 혹은 두 번씩 간다. 도서관 갈 때마다 생각하는 거지만 국가에 내는 세금 중 가장 혜 엄마들에게 말하고 싶다.
'책 꼭! 읽으세요! 읽으셔야 합니다!'가 아닌
'그냥 한번 툭 펼쳐 보라'고 말이다.

택을 많이 누리는 분야인 것 같다.

'그렇게 책을 많이 보세요?'라고 물으신다면 당당하게 '네!'라고 답하진 못하겠다.

읽고 싶은 책을, 읽고 싶을 때, 읽고 싶은 만큼만, 보는 게 내 독서 스타일이다.

한 권의 책을 꼭 끝까지 봐야 되는 법도, 앞에서부터 차근차근 봐야 되는 법도 내 독서법엔 없다.

어느 책을 보다 딱 와 닿은 문구가 있었다. 프랑스 작가 다니엘 페나크가 자신의 책 《소설처럼》에서 세상 모든 독자들을 위한 권리에 대해 말한 부분이었다.

첫째, 책을 읽지 않을 권리

둘째, 건너뛰며 읽을 권리

셋째, 책을 끝까지 읽지 않을 권리

넷째, 책을 다시 읽을 권리

다섯째, 아무 책이나 읽을 권리

여섯째, 보바리즘을 누릴 권리(보바리즘은 지나치게 거대하고 헛된 야망, 또는 상상과 소설 속으로의 도피라는 뜻이 있다.)

일곱째, 아무 데서나 읽을 권리

여덟째, 군데군데 골라 읽을 권리

아홉째, 소리 내어서 읽을 권리

열째, 읽고 나서 아무 말도 하지 않을 권리

10가지 독자의 권리를 읽는데 '바로 이거야!'라는 생각이 들었다. 내 독서법과 딱 맞아 떨어지는 것이었다. 또한 내가 책을 꾸준히 곁에 둘 수 있는 가장 큰 이유이기도 했다.

책이 부담스럽고 해야 할 숙제처럼 느껴지면 책과 가까이 하기 힘들다.

'육아에 살림에 할 일도 많은데 책까지'라는 생각으로 읽을 바엔 안 보는 게 낫다. 오히려 독서와 멀어질 수도 있기 때문이다. 나 또한 한때 이런 생각을 하기도 했다. 책을 보면 오히려 답답해지는 느낌. 뭔가 죄를 짓고 있는 느낌을 지울 수 없었다. 돌아보니 육아서를 읽고 난 뒤의 증상들이었다. 당시 내 마음의 여유가 없었기에 육아서의 깊고 넓은 지식들이 내 삶의 지혜가 되질 못했다.

책을 안 읽어도 행복하다면 굳이 읽을 필요가 없다. 하지만 인생에 뭔가 부족함을 느낀다면 책이 큰 도움을 줄 것이라 장담한다.

책을 통해 삶이 달라진 건 비단 나뿐이 아니라 역사적으로도 지금도 여전히 수없이 많다.

물론 책이 좋고 읽어야 함을 알지만 종일 아이와 함께 있으면서 언제 짬을 내서 읽을 수 있을까 하는 마음이 들 때도 있었다. 이제는 생각이 달라졌다.

시간이 있어야 책을 읽는 것이 아니라 책을 읽기에 내 시간이 생기는 것이다.

잠이 안 올 땐 잠자려고 책을 읽었다.

책도 잠도 좋아한다. 책을 읽으면서 잠이 드는 건 더 좋다.

아이와 도저히 놀아주기 피곤할 땐 책을 읽으며 엄마의 독서시간을 방해하지 말아 달라 말했다.

인간관계로 힘들 때 누구에게 전화해서 하소연하는 것보다 관련 책을 보며 위로 받았다.

엄마로서 잘하고 있는지 궁금할 때 나와 비슷한 엄마들의 에세이를 보며 마음을 추슬렀다.

뭔가 하고 싶지만 다시 내가 무엇을 해야 할지 모를 때 책을 보며 할 수 있다는 확신을 얻었다.

책이 나의 친구이자 동료이자 선생님이자 정신과 상담의가 되어 주었다. 책을 통해 어둠을 걷어내고 내가 하고 싶은 일 나의 꿈도 선명해져 갔다.

엄마들에게 말하고 싶다.
'책 꼭! 읽으세요! 읽으셔야합니다!'가 아닌
'그냥 한번 툭 펼쳐 보라'고 말이다.

엄마의 자존감에서 엄마를 빼자

첫째가 6살 때였다. 동생이랑 신나게 다투고 와서 씩씩거리며 물었다.

"엄마는 내가 좋아요? 동생이 더 좋아요?"

엄마는 아빠……. 라는 말이 올라오다 목구멍에서 막혀 나올 생각을 하지 않았다.

"음. 엄마는……."

먼발치에서 귀를 쫑긋하고 있는 둘째의 시선이 따갑다. 그렇다고 식상하게 '엄마는 너희 둘을 똑같이 사랑해.'라는 말로는 상황종료가 되지 않을 것 같았다.

"엄마는! 세상에서 내가 제일 좋아!"

둘 다 '저 엄마 뭐야'라는 표정으로 어이가 없다는 듯 나를 쳐다보았지만 나는 내 대답에 흡족하고 있었다. 여기서 끝날 리가 없다고 생각했지만 역시나 첫째가 다시 물었다.

"그럼? 엄마 다음으론 누가 제일 좋아요?"

흠. 끈질기군. 이쯤하면 그냥 좀 넘어가지 누굴 닮아 그런 건지. 이따금씩 아이에게 내 모습이 보이면 생채기가 걸린 듯 마음이 불편하다.

"엄마는 엄마 자신을 사랑하는 것처럼 가족들을 사랑해."

다시 한 번 두 아이의 눈이 붕어눈마냥 꿈뻑거리기만 한다. 이 엄마랑은 대화가 안 되겠다 싶었는지 한숨을 쉬며 가버린다.

비단 상황을 종료하긴 위한 임기응변만은 아니었다. 진심이었다. 나는 정말 내가 제일 좋다.

덜렁거리고 실수가 많은 나도 그런대로 귀엽다. 버럭 하고 화내는 나도 제법 화통하다. 잘 울고 잘 웃는 내가 솔직해서 좋다. 잘 잃어버리고 다소 정신이 없지만 그것도 반전 매력이라 생각한다.(존경하는 독자님들 재수 없어서 죄송합니다.)

엄마로서 역할을 다할 자신은 없지만 내 인생에 최선을 다할 자신은 있다.

사실 처음부터 이런 강한 자존감을 가진 나는 아니었다. 엄마로서의 자존감을 버리고 온전한 나의 자존감을 찾기 위해 노력한 결과 조금은 과한 이 지경까지 이르렀다.

언제부턴가 엄마의 자존감이라는 말이 마치 엄마로서 거쳐야 할 코스처럼 느껴졌다.

늘 생각했지만 자존감이란 나를 스스로 존중하는 느낌인데 왜 그 앞에 엄마가 붙는 것일까? 엄마의 자존감이 아니라 그냥 자존감이 맞는 게 아닐까? 굳이 자존감 앞에 엄마를 붙이는 이유는 뭘까?

엄마의 자존감에선 말한다. 자존감은 아이에게 전염되니 엄마가 자존감이 높은 아이들은 아이도 자존감이 높을 확률이 크다고 한다. 그럼 아이를 위해서 또 내 자존감을 높여야 하는 것인가. 역시나 숙제가 하나 더 생긴 기분이다.

물론 엄마가 되면 자존감을 다질 최고의 기회가 오기도 한다. 나 역시 그랬던 것처럼.

출산 전 당당한 직장인으로 스스로 자존감이 높다고 생각했었다. 결혼해도 전과 다를 바 없던 일상에 만족하며 살았다. 몇 년 후 아이를 낳고 마주하는 엄마라는 현실은 참혹 그 자체였다. 팔팔 뛰던 자존감의 모습은 간데없고 못난 마음만 가지고 때로는 내 존재를 의심하기도 했다.

내가 가지고 있었던 건 자존감이 아닌 일에 대한 자신감이었다. 자신감은 무언가를 잘할 때 나타나는 감정이다. 예상치 못한 현실에 어찌할 바를 몰라 하며 자존감은 바닥을 쳤다.

'난 엄마로서는 능력이 없나봐.' 그저 가족을 위한 그림자라는 생각이 들었다.

내가 진정 자존감이 높았다면 '지금은 힘들지만 괜찮을 거야! 지금도 충분히 잘하고 있어! 엄마로서가 아니라도 넌 너 스스로서의 가치가 있어!'라고 생각했을 것이다.

만약 엄마의 자존감만 신경 쓴다면 아이들이 독립을 하고 나면 자존감의 가치를 어디서 찾을 것인가? '엄마로서 충분히 잘하고 있어.

엄마 역할 이만하면 되는 거야. 넌 노력하는 엄마야'라고 외치며 엄마의 자존감을 높였다고 치자. 엄마의 역할이 그냥 뒤에서 바라만 봐야 하는 역할이 되어야 한다면 그때도 여전히 행복할 수 있을까?

엄마의 자존감이든 직장인으로서의 자존감이든 여자로서의 자존감이든 제일 중요한 건 그냥 나를 살리는 자존감을 챙기는 거라 생각한다. 어떤 역할의 조건이 붙는 게 아니라 그냥 나 스스로에 대한 확신과 긍정감 말이다. 그렇게 되었을 때 무슨 일이 닥쳐도 다시 일어날 용기가 생길 수 있지 않을까?

진정한 자존감은 그 누구를 위해서가 아니다. 나를 위한 마음가짐이며 나를 위한 존중이다. 만약 내 자존감이 올라감으로 인해서 아이들의 자존감에도 영향을 끼친다면 그건 덩달아오는 보너스에 불과하다.

아이들의 자존감을 챙기기 전 내 자존감부터 챙겨야 하는 것도 이 때문이다. 내 자존감이 높으면 아이들이 영향을 받는 것이지 아이들을 위해 내 자존심을 높인다는 건 진정한 길이 아니다. 이렇게까지 흥분하지 않아도 되는 일인데 흥분한 걸 보면 내가 아직 자존감이 낮은 건 아닌가라는 생각도 든다.

자존감 낮았던 내가 자존감을 올리는 데까지는 뻔뻔함이 좀 필요했다.

나와 하는 데이트를 즐겼다. 누구의 눈치도 보지 않고 식당에서 혼자 먹는 밥은 생각보다 괜찮았다. 보고 싶은 영화가 개봉하면 이른 아침 혼자 영화를 보러가는 것도 점점 익숙해졌다. 이제는 혼영(혼자보는 영화)이 최고다. 때로는 아이와 남편이 먼저가 아닌 나를 먼저 살펴보기도 했다. 식구들이 좋아하지 않아도 내가 좋아하는 음식으로 외식을 하기도 한다. 사소한 일들이지만 하나씩 적응해갈수록 내가 스스로를 아껴준다는 생각이 들었다.

나랑 하는 대화도 늘렸다. 내가 나에게 많은 질문을 던지고 나를 보살폈다. 이렇게까지 하지 않았다면 여전히 어두운 동굴 속에 갇혀 있었을 것이다.

한 발 한 발 용기를 내서 밖으로 나오니 밝은 내가 보였다.
이제 나는 누군에 의해 비춰지는 내가 아닌
스스로 나를 비춰 빛나가길 진정으로 바란다.

엄마도 친구가 필요해

조리원 수유실에 네다섯 명의 산모들이 앉아 젖을 주거나 아이를 기다린다. 일주일 정도 있었던 산모는 다른 산모들과 이야기도 나누고 조리원 식구처럼 자연스럽다. 들어온 지 얼마 안 돼 어색하지만 그나마 혼자가 아니라 아이가 있어 다행이라는 생각이 든다.

"새로 오셨나 봐요."

건너편에 자연스러워 보이던 산모가 묻는다.

"네. 이틀 되었어요."

"젖은 잘 나와요?"

초면에 실례되는 말이지만 조리원 수유실에선 지극히 자연스러운 대화이다. 조리원 입소 동기가 비슷한 산모들 끼리와는 벌써 "누구누구 엄마"라 부르며 동지애를 나눈다.

또 다른 인간관계의 시작이구나 싶다.

조리원 퇴소 전 엄마들끼리 연락처를 주고받고 밴드도 만들었다. 밤마다 연락을 나누며 찐한 성장통을 함께 나누기도 하고 정보도 주고받았다.

백일이 지나 기다렸다는 듯이 다 같이 모여 정신없는 식사를 하기도 했다. 아이들이 돌 무렵에는 평생 함께 소장하자며 스튜디오에 가서 단체사진도 찍었다. 열 명이 넘는 아기들의 사진을 찍는 건 웨딩촬영 8시간 보다 백 배는 힘들었다. 겨우 완성된 사진을 보며 매년 찍자던 약속은 그 사진이 마지막이 되었다.

매일밤 시간마다 안부를 묻고 아이 똥 색깔을 이야기하며 함께 울고 잘 버티자 했던 우리의 전투애는 아이들의 돌이 지나자 시들해졌다.

엄마가 되고나면 내 인간관계의 반경도 달라진다. 아이의 나이와 성별에 따라 대하는 농도도 달라진다.

조리원 동기, 문화센터 동기, 어린이집 학부모, 유치원 학부모에서 초등학교까지.

모든 기준이 내가 아닌 아이에서 시작되는 인간관계이다.

한때는 '내 마음이 네 마음이고 네 마음이 내 마음이다' 하며 서로를 위해 주기도 했다. 그러나 아이의 환경이 바뀌고 점점 커가면서 엄마의 친구도 달라진다.

아이가 어릴 적엔 아이의 일거수일투족을 나누고 궁금한 건 언제든지 물어볼 수 있는 조리원 동기가 가장 친한 사이였다.

아이가 어린이집에 다니면서 교육에 관심이 생기고 교육정보를 나눌 수 있는 문화센터 엄마들과 어린이집 엄마들과 가장 친한 사이가 되었다.

나이가 들면 남편보다 자식보다 친구가 더 좋다고 하는데
아직 살아갈 길이 더 긴 내 인생을 위해 공부하고
꿈을 찾듯 친구에 대한 공부도 해야 하지 않을까라는 생각이 들었다.
인생에서 정말 진정한 친구를 만난다면
가족과는 다른 풍요로움을 느낄 수 있을 거라 생각했다.

아이가 유치원에 다니자 예비학부모가 된 들뜬 마음에 유치원 행사나 교육을 다니면서 학모 사이의 관계에 대해 알아가는 친한 사이가 되었다.

아이가 초등학교에 입학하자 반 모임 등 전과는 다른 조금은 거리가 있지만 친하게 지내야 할 것 같은 초등 학모들과의 관계도 있었다.

돌아보니 이건 내 인간관계가 아닌 아이의 인간관계였다는 생각이 들었다. 시기마다 친하게 지내던 사람들이 대부분 아이와 연관된 관계였다.

때로는 내 처지와 다른 친한 친구보다 더 가깝다고도 생각했다. 그런데 아이의 상황이 변화면 엄마들의 마음도 세트로 움직였다. 사소한 아이들의 문제가 엄마들 문제로 커지기도 했다. 시간이 지나면서 좋아지는 경우보단 퇴색되는 경우도 있었다.

각자의 집 환경을 부러워하기도 하고, 아이의 발달속도를 비교하기도 하면서 만나고 나면 피곤함이 커지는 경우도 많았다.

아이가 초등에 입학하고 또 학모 사이를 생각하자 두통과 어지럼증이 오는 듯했다. 더 이상 아이를 기준으로 내 인간관계를 형성하고 싶지 않다는 생각도 들었다.

내 자존감을 먼저 챙기고 꿈을 먼저 챙기듯 친구도 마찬가지이다. 아이가 커갈수록 아이와 관련된 친구보다 내 기준에서의 친구가 필요하다.

나이가 들면 남편보다 자식보다 친구가 더 좋다고 하는데 아직 살아갈 길이 더 긴 내 인생을 위해 공부하고 꿈을 찾듯 친구에 대한 공부도 해야 하지 않을까라는 생각이 들었다.

인생에서 정말 진정한 친구를 만난다면
가족과는 다른 풍요로움을 느낄 수 있을 거라 생각했다.
보석 같은 친구를 만나 보석처럼 아끼고 간직하고 싶었다.

보석을 알아보는 법

오늘도 두 아이와 열렬히 전투를 치르고 녹초가 된 몸으로 누웠다. '깨톡!' 언제 깜빡 졸았는지 깜짝 놀라 메시지를 보았다. 책의 한 페이지를 찍은 사진이 전송되어 있었다.

"오래 함께 하고 싶은 사람
내 이야기를 잘 들어주는 사람
약속을 잘 지키는 사람
나에게 하는 말들을 조심하며
나에게 배려한다는 게 느껴지는 사람
나의 선택과 내 생각을 믿어주는 사람."

"《지쳤거나 좋아하는 게 없거나》라는 책에 나오는 내용인데 보는데 딱 너 생각이 나네."라는 문구도 뒤이어 있었다.

가장 친한 친구에게 온 메시지였다. 하루의 피로를 말끔하게 세신 받은 느낌이었다.

메시지를 받고 소싯적 남자에게 고백 받은 것마냥 들뜨고 기분이 좋았다. 신기한 건 나도 그 글귀를 읽는데 그 친구가 생각났다는 것이다.

친구와 17년 가까운 인연을 지켜나가고 있지만 처음부터 친한 건 아니었다. 보석 같은 친구를 처음에는 알아보지 못했다.

살면서 서로에게 위로를 건네며, 축하를 주고받고, 격려를 하고 함께한 시간들이 많아지면서 서로에게 물들기 시작했다. 이 친구에게만큼은 받아서 감사한 마음보다 더 주고 싶은 마음이 들었다. 자주 연락을 하지도 못하고 멀리 떨어져 있어 잘 보지도 못하지만 언제나 내 마음속 한 켠에 자리 잡고 있다. 힘들 때 연락하지 않아도 생각만으로도 힘이 되고 기운이 난다. 만나면 행복에 들뜨고 헤어지면 하나 더 생긴 추억으로 기뻐한다.

이렇게까지 친구 자랑을 한 건 아이 기준의 인간관계도 좋지만 나를 위한 친구를 진정 가져봄이 어떨까 해서이다.

그렇다면 보석 같은 친구를 어디서 찾나?

내가 처음부터 보석을 못 알아봤듯 주위에 좋은 사람들은 이미 있을 수 있다. 다만 먼저 보석을 알아보는 안목을 가지는 것이 중요하다.

나에겐 찐 친구를 알아보는 나만의 비법이 있다.

살면서 정말 진정한 친구 한 번 제대로 된 사람을 만나면
사람을 보는 기준도 예전의 나로 돌아갈 수 없을 만큼 높아진다.
친구 덕분에 나의 노후가 기대되는 경험을 해보길 진정 바라본다.

첫 번째, 긍정적인 사람이다.

같은 날씨에도 "비가 오니 운치 있고 너무 좋다. 커피 마시기 딱 좋은 날씨야"라고 말하는 친구가 있는 반면 "꿉꿉하니 빨래도 잘 안 마르고 기분까지 꿉꿉해져" 하고 말하는 친구가 있다. 긍정적인 친구와 있으면 무엇을 하든 즐겁고 잘될 것 같은 기분이 든다. 부정적인 사람과 가까이 있으면 혹여나 불통이 튈까 조마조마하다. 부정적인 사람들 또한 다른 사람에 대해 좋게 이야기하는 경우는 드물다. 나한테 다른 사람에 대해 부정적으로 이야기한다면 다른 사람에게도 내 이야기를 안 좋게 할 확률이 백 프로다. 친하게 지냈다가 오해를 살 여지가 다분하다.

나에게 잘해주는 사람이더라도 부정적인 사람은 멀리 하는 것이 내 인생을 위해 좋다.

나는 긍정이 긍정을 당기고 부정은 부정을 당긴다는 말을 철썩 같이 믿는다.

두 번째, 예의를 지키는 친구이다.

아무리 친하더라도 넘지 말아야 할 선은 분명히 존재한다.

조금 친해졌다고 말을 너무 편하게 하거나 함부로 하는 친구는 피하는 편이다. 친할수록 예의를 갖춰야 한다는 게 내 생각이다. 약속을 자주 지키지 않는 친구는 내 시간을 소중하게 생각하지 않는다는 증거이다. 내 시간과 삶에 예의를 지키는 친구는 진정 좋은 친구이다.

마지막으로 진심으로 나를 응원하는 친구이다.

마지막이 제일 어렵긴 하다. 응원의 말을 하지만 그 말이 진심인지 질투인지 구분하기가 어려울 때도 있다. 듣기 좋은 말로 시작하지만 듣고 나면 왠지 찜찜한 기분이 드는 건 말 속에 질투가 담겨 있을 가능성이 크다.

간혹 그 질투를 즐기는 사람들도 있긴 하다. 굳이 다른 이의 시샘을 즐기고 싶진 않다. 그 또한 부정적 기운이기 때문이다. 앞으로 살아갈 수많은 날에 좋은 기운만 받아도 힘든 세상에 굳이 내 인생에 부정적인 기운을 담고 싶진 않다.

위의 세 가지 방법 중 내가 가장 중요하게 생각하는 것이 있다.

바로 내가 먼저 세 가지 방법으로 행동하고 마음을 다지는 것이다.

좋은 친구 5명 있으면 인생을 성공한 거라 하던데 나는 한 명만으로도 충분하다 생각된다.

진정한 친구 한 명만으로도 삶이 풍요로워질 수 있다는 걸 알았다.

고마운 친구 한 명만으로도 자존감의 근원이 됨을 느꼈다.

소중한 친구 한 명만으로도 내가 더 나은 사람이 되고 싶음을 느낄 수 있다.

살면서 정말 진정한 친구 한 번 제대로 된 사람을 만나면 사람을 보는 기준도 예전의 나로 돌아갈 수 없을 만큼 높아진다. 친구 덕분에 나의 노후가 기대되는 경험을 해보길 진정 바라본다.

엄마가 되니 엄마가 보인다

막 수술을 하고 나온 엄마가 아직 마취에서 못 깨고 몸을 부들부들 떤다.

전부터 인대가 끊긴 줄도 모르고 오십견이라고만 생각하고 있다가 통증 때문에 병원에 와서 수술을 받게 되었다. 엄마의 어깨가 좀 안 좋으시다는 건 알았지만 귀담아 듣지 못했다.

수술 후 처음 보는 엄마의 모습에 다시 어린아이가 된 것마냥 무서워졌다. 간호사가 와서 마취에서 깨셔야 한다며 자꾸 말을 걸라고 했다. 차가워진 엄마 얼굴을 쓰다듬으며 엄마를 불렀다. 정신도 덜 차린 채 엄마가 겨우 입을 뗀다.

"애들은 어떡하고 왔노? 엄마 괜찮으니까 어여 가그라."

엄마가 수술 후 마취에서 다 깨기도 전 처음 꺼낸 말이다.

힘들 때마다 엄마를 찾았다. 임신을 하고 엄마가 제일 먼저 생각났다.

첫 아이를 낳고 어쩔 줄 몰라 헤맬 때도 엄마를 찾았다. 무슨 일만 생기면 엄마에게 전화하기 바빴다.

둘째를 낳고 내가 힘들다는 이유로 힘들어 하는 딸을 보는 엄마 마음을 외면했다. 그렇게 딸이라는 이유로 엄마에게 갑질하며 지내왔다.

아이를 낳고 '어떻게 하면 좋은 엄마가 될 수 있을까?' '어떻게 하면 아이를 잘 키울 수 있을까?'를 고민했다.

아이들을 위해 엄마로서 해줄 수 있는 가장 큰 것은 어린 시절의 좋은 추억을 많이 만들어 주는 것이라 생각했다. 아이들에게 소중한 추억을 많이 만들어 주기 위해 노력했다. 아이들 인생에 힘든 순간이 와도 부모와의 좋은 추억을 생각하며 일어나게 할 수 있는 용기를 주고 싶었다. 내가 힘들 때 어릴 적 부모님과의 추억으로 힘을 얻었던 것처럼 우리 아이들에게도 그렇게 해주고 싶었다.

통증 때문에 얼굴을 찌푸린 채 잠든 엄마의 얼굴을 보고 생각했다.

어떻게 하면 더 좋은 엄마가 될 고민만 했지 더 좋은 딸이 될 고민은 잊고 지냈다.

일방적인 내리사랑에도 엄마는 섭섭함도 없이 아이들 잘 키우고 있으니 걱정 말라며 격려해주셨다.

인생을 살아낼 수 있는 힘을 만들어준 부모님과의 추억을 만들 생각은 정작 잊고 있었다. 오로지 내 자식 추억 만들기에만 신경 쓰며 살았다.

어렸을 적 엄마를 보면서 엄마 같은 엄마가 되고 싶었다.

엄마처럼 포근하고 따뜻한 품을 가진 엄마가 되고 싶었다.

엄마처럼 맛있는 음식도 뭐든지 뚝딱 만들고 내 옷도 만들어주는 손재주 많은 엄마가 되고 싶었다.

엄마가 된 지금, 엄마 같은 사람이 될 수 있을지 모르겠다.

엄마가 한 말이 생각났다.

"내 인생에서 가장 기억에 남는 여행을 꼽으라 한다면 네가 취직해서 엄마 아빠 비행기 표 끊어 유럽여행 한 게 제일 기억에 남는다."

나에게는 '다시는 부모님 모시고 자유여행은 안 간다' 다짐했던 여행이 엄마의 잊을 수 없는 추억으로 자리 잡고 있었다.

주말이 되면 아이들과 어디에 여행을 갈지 고민했다.

부모님의 적적한 주말은 생각하지 못했다.

아이들이 더 크기 전에 추억을 하나라도 더 만들자 다짐했다.

부모님이 얼마나 더 여행을 다니실 수 있을지 생각하지 못했다.

아이들이 자라는 시기마다 해 주고 싶은 추억들을 생각하고 실천하려 했다.

부모님이 이제 얼마나 멀리, 오래 여행하실 수 있을지는 생각하지 못했다.

여행을 가기 전 아이들의 들뜬 모습에 흐뭇했다.

엄마와 함께 여행을 가는 날이면 며칠 전부터 음식준비를 하는 모습에서 엄마의 설레임은 눈치 채지 못했다.

"사랑하고 존경하는 엄마 아빠.

아이에겐 매일 사랑을 표현하면서

엄마 아빠에겐 특별한 날에만 고백해서 죄송해요.
엄마 아빠는 늘 내 인생을 먼저 걱정해주시지만
전 제 인생을 늘 먼저 생각하네요.

부모가 되고 나서 알았어요.
자식 일에 이렇게 심장이 요동치고
세상을 다 가졌다가
세상을 다 잃은 기분이 들 수 있다는 걸요.

오랜 시간 마음 졸이며
못난 딸을 키워 주신 엄마 아빠.

다음 생엔
제가 엄마 아빠 부모님으로 태어나 은혜 갚을게요.
그렇게라도 함께해요.
늘 가족으로……'

아이와 함께 성장하는 시간

"엄마, 실내화 빤 거 주세요."

둘째가 유치원 가방을 들고 집을 나서다 소리친다.

'앗. 안 빨았다!' 월요일 아침은 시계가 날개를 단 듯하다. 마음이 더 바빠진다.

"엄마 깜박했는데 다음 주에 꼭 빨아줄게. 물티슈로 닦고 그냥 신자."

익숙해진 엄마의 깜빡증에 아들은 그러려니 한다.

한 고비를 넘기는데 첫째가 나를 보더니

"엄마, 물통! 주…… 그냥 제가 챙길게요."

요즘 바빠진 내 공부 스케줄에 아이들도 덩달아 스스로 챙겨야 일이 많아졌다.

요즘 공부에 푹 빠졌다.

공부가 재미있다고 생각이 든 건 태어나 처음이다. 엄마가 되고 나서 하는 공부는 진짜 공부 같았다. 누가 시키지 않아도 하고 싶고, 성적이 나오지 않아도 뿌듯했다. 진짜 내가 하고 싶은 일이 무엇인지 알아가는 과정이 흥미로웠다.

관심 있는 분야의 책도 보고 강의도 들으면서 내 안에 쌓이는 지식이 삶의 지혜로 바로 활용되는 달콤한 맛을 보기도 했다.

처음엔 내가 다시 무엇을 할 수 있을까에 대한 막연하고 걱정스런 마음이 앞섰다. 책을 보고 관심분야도 공부하며 비슷한 생각을 가진 사람들과 함께 공부를 하기도 했다.

자연스레 아이들에 대한 집중이 나에게 쏠리게 되었다. 초반에는 엄마로서 역할을 다 해내지 못해내는 죄책감도 들었다. 내가 이기적인 엄마인가라는 생각이 들 때도 있었다.

하지만 아이들은 생각보다 빨리 적응했고 죄책감은 점점 본인이 스스로 할 수 있다는 자부심으로 바뀌고 있었다.

"엄마, 공부가 그렇게 재미있어요?"

"오늘은 강의 안 들어요?"

"엄마, 이 선생님은 강의를 참 잘하는 것 같아요. 엄마 순서는 언제예요?"

아이들과의 대화에서 대부분의 주제는 아이와 관한 것이었다. 이제는 대화의 주제가 나인 경우도 많다. 신경을 못써줘서 섭섭해 할 거라는 내 우려는 정확히 빗나갔다. 걱정보다 아이들이 할 수 있는 일이 많았고 스스로 잘해내고 있었다.

아이가 초등학교에 입학하면
엄마에겐 제2의 인생을 준비하기에
최고의 시기가 아닐까라는 생각이 든다.

공부하면서 내가 행복해지니 아이들의 웃음소리도 늘었다.
내가 더 열정적인 사람이 되니 아이들도 더 용감해지는 듯했다.
내가 더 강한 사람이 되니 아이들도 더 단단해 지는 듯했다.

아이가 초등학교에 입학하면 엄마에겐 제2의 인생을 준비하기에 최고의 시기가 아닐까라는 생각이 든다.

'1학년이 되면 엄마들이 챙겨야 할 게 많다던데, 내 공부를 할 수 있을까?' 하고 지레 걱정할 필요가 없다. 엄마가 생각하는 것보다 아이들은 더 빨리 성장한다. 아기처럼만 보이던 아이가 할 수 있는 일도 많아지고 본인의 생각도 많아지는 시기이다. 차근차근 엄마 미래에 대한 준비를 시작하기에 더 없이 좋은 시기이다.

공부하면서 내가 행복해지니 아이들의 웃음소리도 늘었다.

내가 더 열정적인 사람이 되니 아이들도 더 용감해지는 듯했다.

내가 더 강한 사람이 되니 아이들도 더 단단해지는 듯했다.

나는 더 바빠졌지만 아이들은 더 여유로워졌다.

자연히 아이들에 대한 잔소리가 줄었고 아이들은 더 자유로워졌다.

아이가 어릴 땐 내가 아이를 키운다고 생각했었다. 엄마는 아이를 돌보는 사람일 뿐 아이는 스스로 컸다.

아이가 나를 성장시킨다고도 생각했다. 철없이 힘들어하는 엄마도 좋다며 나보다 나를 더 사랑해 준다 느꼈을 땐 정신이 번쩍 들었다.

아이가 자랄수록, 아이는 부모의 성장을 보고 성장하는 게 아닐까라는 생각이 들었다.

이제는 엄마가 성장을 해야 할 때이다. 엄마의 성장이 아이에게 제일 큰 참교육이 아닐까?

책 읽으란 말 대신 엄마가 신이 나서 책을 읽고,
공부하란 말 대신 엄마가 먼저 공부에 빠지고,
좋은 친구를 사귀라는 말 대신 엄마의 인간관계를 보여주고,
열심히 하란 말 대신 엄마가 엄마의 삶을 열심히 산다면,
아이들은 자연히 엄마의 뒷모습을 닮아 가리라 생각된다.

불안한 엄마들이여,
혹시 그 불안감이 아이 때문이 아니라 나 때문은 아닌지요.
조급한 엄마들이여,
혹시 그 조급함이 현재가 아닌
아이의 미래를 살고 있기 때문은 아닌지요.
그 불안감과 조급함에 흔들리지 말고
내 속의 나를 더 들여다보아요.
이제 조금씩 아이에게만 쏟아왔던 시선을
나에게로 돌려보아요.

당신은 여전히 젊으며, 꿈이 있으며
그 꿈을 이룰 수 있습니다.

마치는 글

초등 교사도 초등 전문가도 아닌 평범한 엄마가 예비초등 엄마의 마음을 다독여 줄 수 있을까 수없이 고민하고 망설였습니다.

그저 내 이야기와 진심 어린 마음을 솔직히 전달하자 마음을 먹고 나니 부담을 조금 덜 수 있었습니다.

아이를 키우는 것도 마찬가지인 것 같습니다.

미리 걱정하고 부담을 가지면 조급한 마음이 아이에게 전달되고 오히려 아이 또한 부담을 가질 수 있습니다.

그저 잘해낼 수 있으리라 믿고 아이가 엄마의 도움이 필요할 때 손을 내밀어 줘야지라고 생각하면 더 마음이 놓이기도 합니다.

"자식이 클수록 자식에 대한 고민도 커진데이……."

제가 아이에 대한 고민을 이야기할 때마다 해주신 친정엄마의 말입니다. 처음엔 지금 닥친 고민이 제일 크게 느껴져서 와 닿지 않았습니다.

이제는 그 말이 조금씩 이해가 되기 시작합니다. 앞으로 아이의 인생에서 그리고 엄마의 인생에서 초등학교 입학은 걱정이 아닌 축복이 아닐까 싶습니다.

걱정과 두려움을 축복으로 만드는 힘,

바로 아이를 믿고

그 전에 나를 믿는 것에서부터 시작되리라 생각합니다.

같은 시대에 살고 있지만

다른 세상을 살아가고 있는 우리 아이들과 엄마들을 응원합니다.

감사합니다.